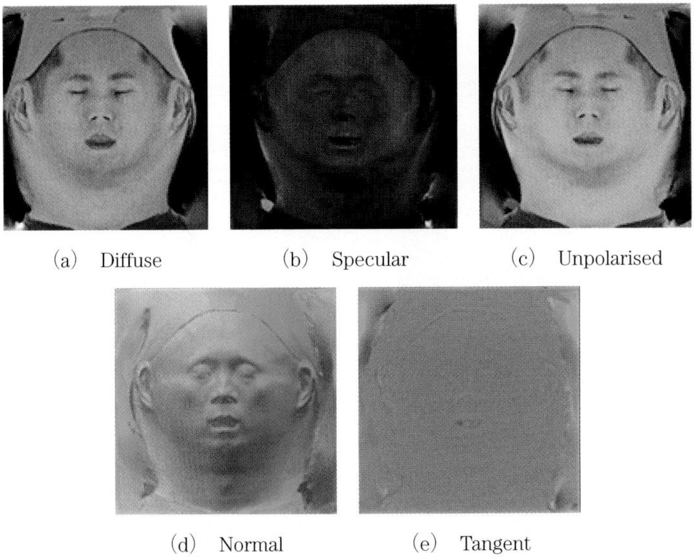

(a) Diffuse　(b) Specular　(c) Unpolarised

(d) Normal　(e) Tangent

口絵 1　フォトグラメトリで習得したデータ（17 ページ，図 2.5）
〔提供：株式会社クレッセント〕

口絵 2　正面からのライト
（24 ページ，図 3.2）

口絵 3　前方斜め 45° からのライト
（24 ページ，図 3.3）

口絵 4　横からのライト
（24 ページ，図 3.4）

口絵 5　後上方からのライト
（24 ページ，図 3.5）

口絵 6　上方からのライト
（25 ページ，図 3.6）

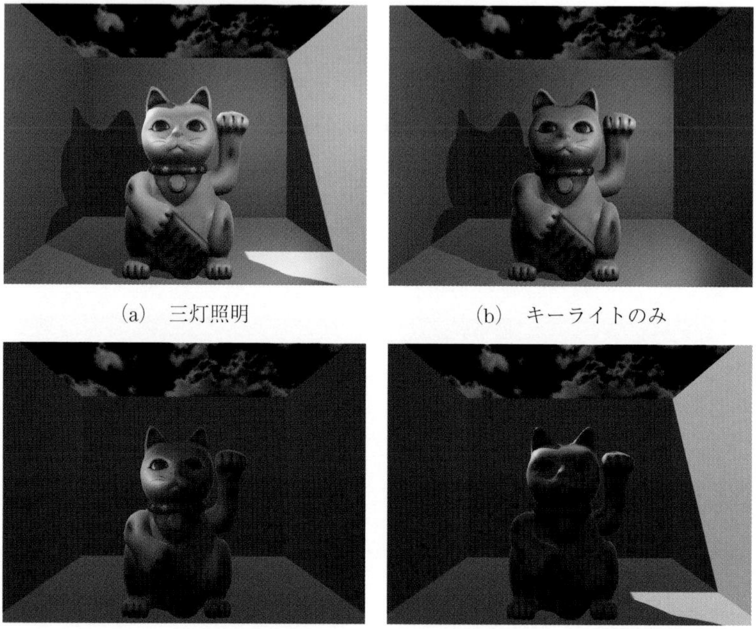

(a)　三灯照明

(b)　キーライトのみ

(c)　フィルライトのみ

(d)　バックライトのみ

口絵 7　三灯照明のライトごとに照らした例（26 ページ，図 3.8）

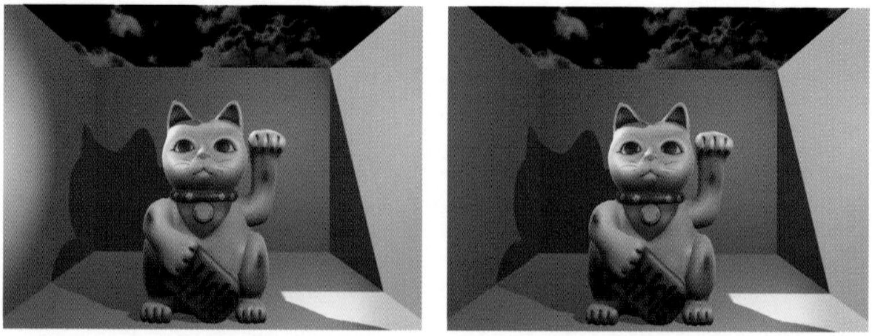

(a)　すべてのオブジェクトに影響

(b)　招き猫のみに影響

口絵 8　オブジェクトに対するライトの影響の ON/OFF 例（27 ページ，図 3.9）

(a) 複数のライトの影を ON

(b) キーライトのみ影を ON

口絵 9 ライトの影の ON/OFF 例（28 ページ，図 3.11）

(a) ライトを適用したシーン

(b) Environment ライトイメージ

口絵 10 Environment ライト例 1（30 ページ，図 3.12）

(a) ライトを適用したシーン

(b) Environment ライトイメージ

口絵 11 Environment ライト例 2（30 ページ，図 3.13）

口絵 12　Directional ライト例
（31 ページ，図 3.14）

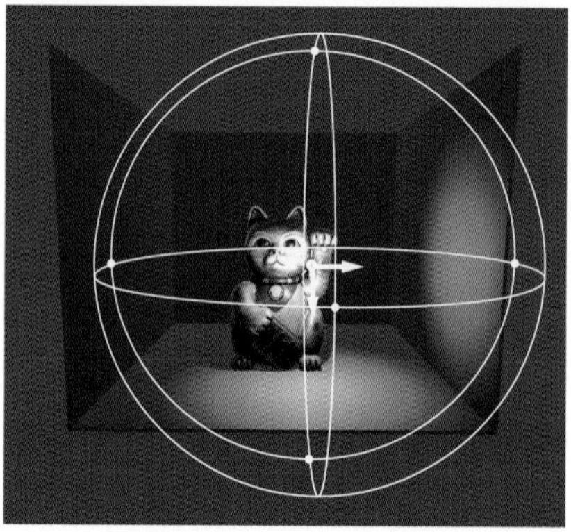

口絵 13　Point ライト例
（31 ページ，図 3.15）

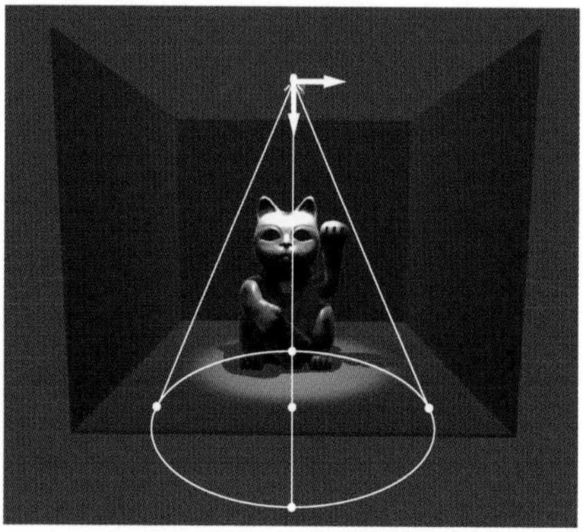

口絵 14　Spot ライト例
（31 ページ，図 3.16）

口絵 15　Area ライト例
（32 ページ，図 3.17）

(a)　グローバルイルミネーションなし　　(b)　グローバルイルミネーションあり

口絵 16　グローバルイルミネーション あり/なしの比較（33 ページ，図 3.18）

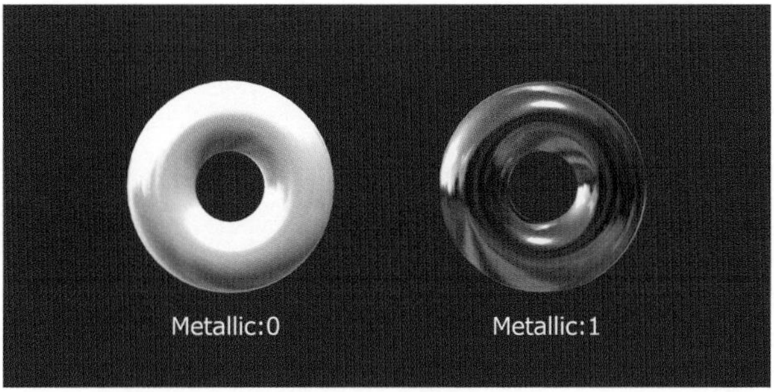

口絵 17　Metallic パラメータの値による違い
（37 ページ，図 4.2）

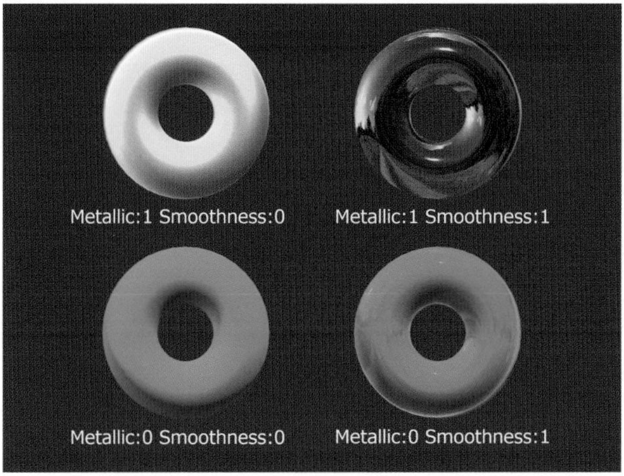

口絵 18　Smoothness パラメータの値による違い
（39 ページ，図 4.4）

口絵 19　Transparency パラメータの値による違い
（40 ページ，図 4.6）

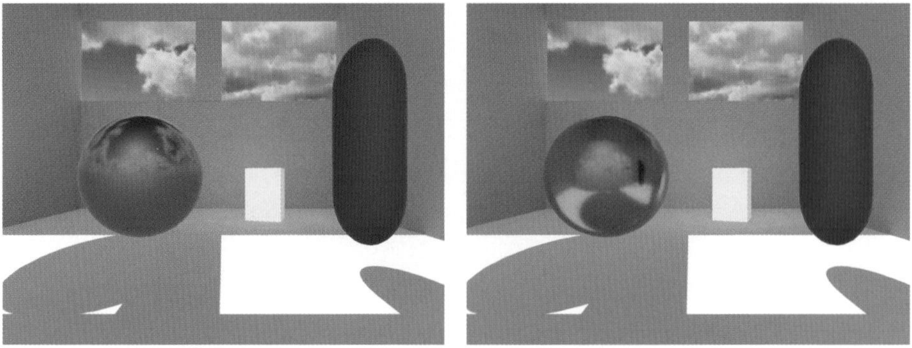

（a） Reflection Prove なし　　（b） Reflection Prove あり

口絵 20　Reflection Prove あり/なしの比較と設定の様子（43ページ, 図4.11）

（a） 元の画像　　（b） Albedo のみの画像

口絵 21　写真から Albedo 素材を抽出した例（46 ページ，図 4.13）

（a） 元の画像　　（b） 圧 縮 後

口絵 22　圧縮テクスチャの例（48 ページ，図 4.15）

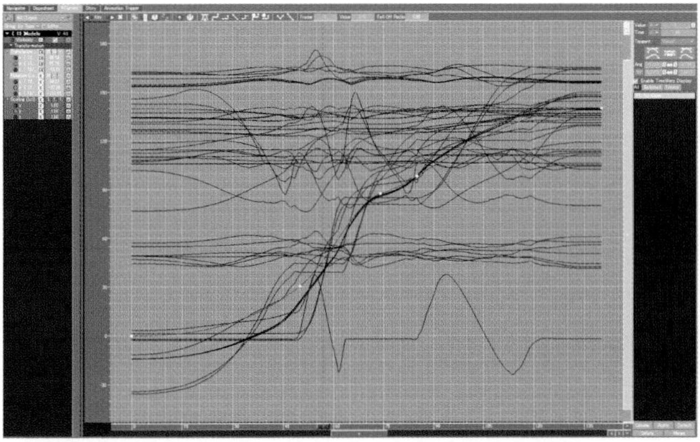

口絵 23　タイムワープの画面（76 ページ，図 5.20）

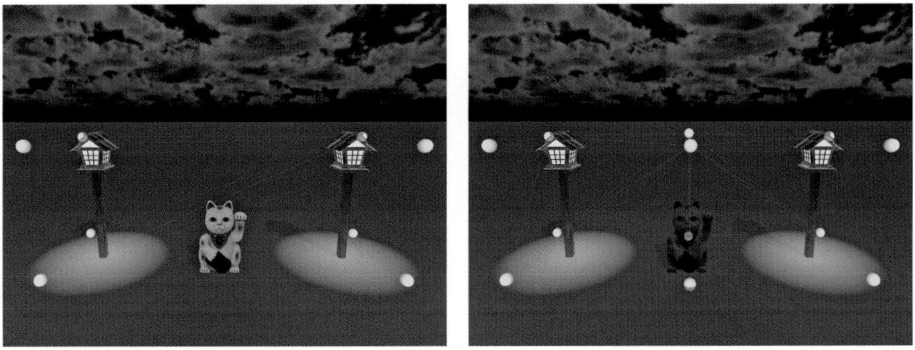

(a)　光源がある空間を囲んだだけの
ライトプローブ

(b)　明暗を考慮して適切に配置した
ライトプローブ

口絵 24　ライトプローブの配置（95 ページ，図 7.3）

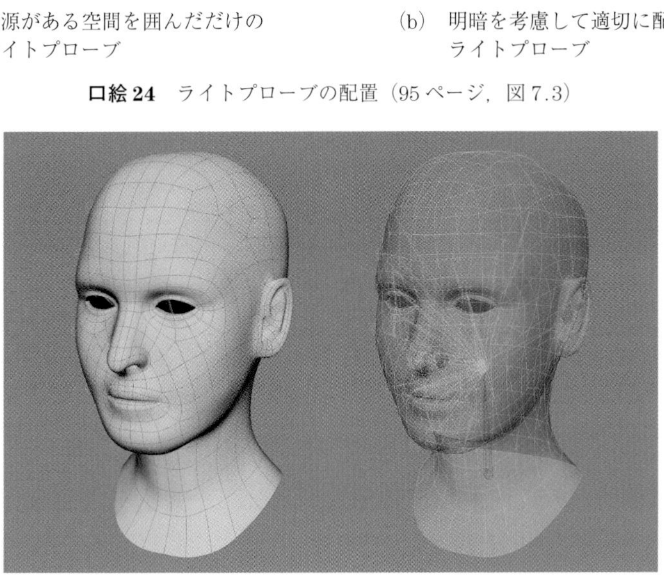

口絵 25　ボーンアニメーションの例（106 ページ，図 8.7）

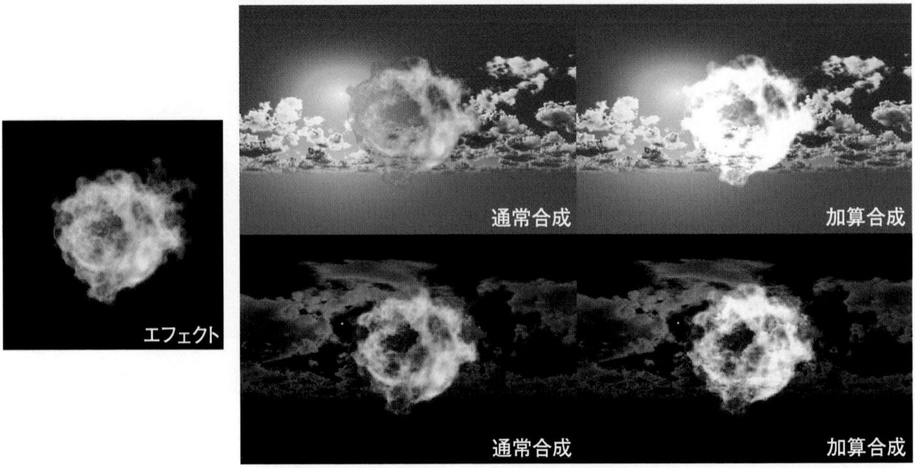

(a)　描画設定と素材，背景による違い

(b)　通常合成と乗算合成の違い

口絵 26　合成モードと背景の関係
(165 ページ，図 11.7)

(a)　ブルームなし

(b)　ブルームあり

口絵 27　ポストエフェクトによるブルーム表現
(166 ページ，図 11.8)

メディアテクノロジーシリーズ　4

ゲームグラフィックス表現技法

金久保哲也
【著】

コロナ社

メディアテクノロジーシリーズ 編集委員会

刊行のことば

“Media Technology as an Extension of the Human Body and the Intelligence”

「メディアはメッセージである（The medium is the message）」というマクルーハン（Marshall McLuhan）の言葉は，多くの人々によって引用される大変有名な言葉である。情報科学や情報工学が発展し，メディア学が提唱されたことでメディアの重要性が認識されてきた。このような中で，マクルーハンのこの言葉は，つねに議論され，メディア学のあるべき姿を求めてきたといえる。

人間の知的コミュニケーションを助けることができるメディアは生きていくうえで欠かせない。このようなメディアは人と人との関係をより良くし，視野を広げ，新しい考え方に目を向けるきっかけを与えてくれる。

また，マクルーハンは「メディアはマッサージである（The medium is the massage）」ともいっている。マッサージは疲れた体をもみほぐし，心もリラックスさせるが，メディアは凝り固まった頭にさまざまな情報を与え，考え方を広げる可能性があるため，マッサージという言葉はメディアの特徴を表しているともいえるだろう。

さらにマクルーハンは“人間の身体を拡張するテクノロジー”としてメディアをとらえ，人間の感覚や身体的な能力を変化させ，社会との関わりについて述べている。現在，メディアは社会，生活のあらゆる場面に存在し，五感を通してさまざまな刺激を与え，多くの技術が社会生活を豊かにしている。つまり，この身体拡張に加え，人工知能技術の発展によって“知能拡張”がメディアテクノロジーの重要な役割を持つと考えられる。このために物理的な身体と情報や知識を扱う知能を融合した“人間の身体と知能を拡張するメディアテクノロジー”を提案・開発し，これらの技術を活用して社会の構造や仕組みを変革し，どのような人にとっても住みやすく，生活しやすい社会を目指すことが望まれている。

一方，大学におけるメディア学の教育は，東京工科大学が1999年にメディア学部を設置して以来，全国の大学でメディア関連の学部や学科が設置され文理芸分野を融合した多様な教育内容が提供されている。その体系化が期待されメディア学に関する教科書としてコロナ社から「メディア学大系」が発刊された。この第一巻の『改訂メディア学入門』には，メディアの基本モデルの構成として「情報の送り手，伝達対象となる情報の内容（コンテンツ），伝達媒体となる情報の形式（コンテナ），伝達形式としての情報の提示手段（コンベア），情報の受け手」と書かれている。これからわかるようにメディアの基本モデルには文理芸に関連する多様な内容が含まれている。

メディア教育が本格的に開始され20年を過ぎるいま，多くの分野でメディア学のより高度で急速な展開が見られる。文理芸の融合による総合知によって人間生活や社会を理解し，より良い社会を築くことが必要である。

そこで，このメディア分野の研究に関わる大学生，大学院生，さらには社会人の学修のため「メディアテクノロジーシリーズ」を計画した。本シリーズは“人間の身体と知能を拡張するメディアテクノロジー”を基礎として，コンテンツ，コンテナ，コンベアに関する技術を扱う。そして各分野における基本的なメディア技術，最近の研究内容の位置づけや今後の展開，この分野の研究をするために必要な手法や技術を概観できるようにまとめた。本シリーズがメディア学で扱う対象や領域を発展させ，将来の社会や生活において必要なメディアテクノロジーの活用方法を見出す手助けとなることを期待する。

本シリーズの多様で広範囲なメディア学分野をカバーするために，電子情報通信学会，情報処理学会，人工知能学会，日本ソフトウェア科学会，日本バーチャルリアリティ学会，ヒューマンインタフェース学会，日本データベース学会，映像情報メディア学会，可視化情報学会，画像電子学会，日本音響学会，芸術科学会，日本図学会，日本デジタルゲーム学会，ADADA Japan などにおいて第一線で活躍している研究者の方々に編集委員をお願いし，各巻の執筆者選定，目次構成，執筆内容など検討を重ねてきた。

本シリーズの読者が，新たなメディア分野を開拓する技術者，クリエイター，研究者となり，新たなメディア社会の構築のために活躍されることを期待するとともにメディアテクノロジーの発展によって世界の人達との交流が進み相互理解が促進され，平和な世界へ貢献できることを願っている。

2023 年 5 月

編集委員長　近藤邦雄

編集幹事　伊藤貴之

表紙・カバーデザインについて

私たちは五感というメディアを介して世界を知覚し，自己の存在を認知することができます。メディア技術の進歩によって五感が拡張され続ける中，「人」はなにをもって「人」と呼べるのか，そんな根源的な問いに対する議論が絶えません。

本書の表紙・カバーデザインでは，二値化された五感が新しい機能や価値を再構築する様子をシンプルなストライプ柄によって表現しました。それぞれのストライプは 5 本のゆらぎを持った線によって描かれており，手描きのような印象を残しました。

しかし，この細かなゆらぎもプログラム制御によって生成されており，十分に細かく量子化された表現によって「ディジタル」と「アナログ」それぞれの存在がゆらぐ様子を表しています。乱雑に描かれたストライプをよく観察してみてください。本書を手に取った皆さんであれば，きっともう一つ面白いことに気づくでしょう。

デザインを検討するにあたって，同じコンセプトに基づき，いくつかのグラフィックパターンを生成可能なウェブアプリケーションを準備しました。下記 URL にて公開していますので，あなただけのカバーを作ってみてください。読者の数だけカバーデザインが存在するのです。世界はあなたの五感を通じて存在しているのですから。

馬場哲晃

〈**Cover Generator**〉　ぜひお試しください
https://tetsuakibaba.github.io/mtcg/
（2023 年 5 月現在）

ま え が き

デジタルゲームのグラフィックス表現はリアルタイム CG の技術と映像表現手法が相互に関連することによって表現されている。現在も進化を続けているゲームグラフィックスではその傾向はより強く，技術とアートの関連性はより複雑化している。そしてデジタルゲームのアーティストにはアートの側面からの表現手法だけでなく，リアルタイム CG がどのような仕組みによって作り出されるのかを理解し，さまざまな技術分野の専門家と協力して，技術とアートを融合させた新たな表現を生み出す力が求められている。

本書ではデジタルゲームのアーティスト向けにリアルタイム CG 技術と映像表現手法の二つの側面からゲームグラフィックスがどのように表現されているかを解説する。

1 章ではリアルタイム CG の仕組みと制作環境，3DCG ゲームグラフィックス表現の変遷について解説する。2 ～ 5 章ではリアルタイム CG を表現するためのアセットを構成するモデル，ライト，マテリアル，アニメーションの仕組みや制作手法，環境について解説する。6 章ではゲーム制作におけるアーティストの役割分担とチーム制作を進める上で必要な工程管理や制作したアセットの管理ついて解説する。7 ～ 11 章はゲーム制作におけるアセット制作を背景・ステージ，キャラクター，ゲームアニメーション，カットシーン，エフェクトに分けて，アーティストに求められること，必要な知識や具体的な制作方法について解説する。また，それぞれの担当で使用されるリアルタイム CG 技術に関しても解説する。なお，誌面の都合上口絵に掲載できなかったカラー図は，コロナ社の Web ページ（次ページ QR コード参照）で確認してほしい。

以下の図は本書の各章をゲーム制作の分担ごとにどのように読み進めればよいかを示したマップである。点線の矢印は背景・ステージ，プロップ，キャラクター，ゲームアニメーション，カットシーン，エフェクトの各分担で制作したアセットの関連を表したものである。例えば，背景・ステージ制作で作成さ

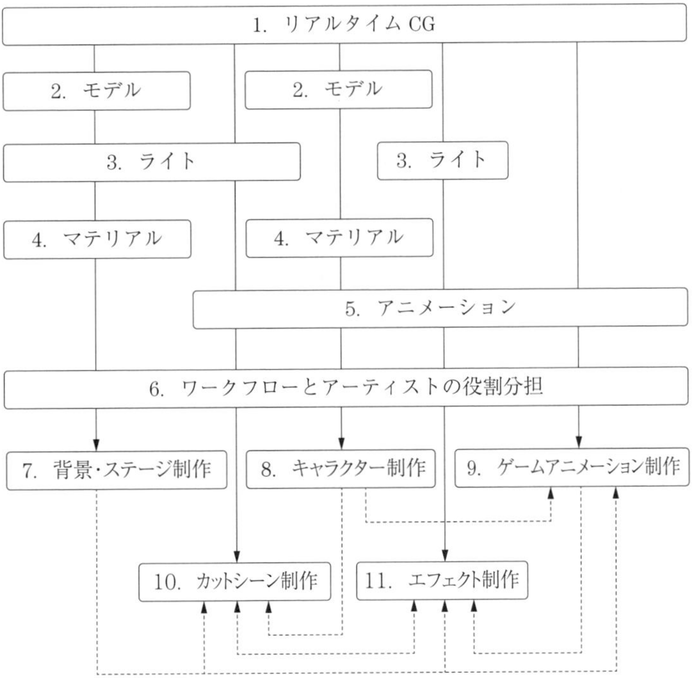

れたモデルは，カットシーン制作では演出する映像の背景に使用する可能性が考えられる。また，エフェクト制作では，煙や炎などで背景の特定の位置から発生するようなエフェクトを制作する場合は，背景のモデルが必要になる。分担した役割がそれぞれどのように連携することがあるかアーティストは把握しておかなければならない。マップでは各役割分担で１～６章までの関連する章を示してはいるが，アーティストの基本知識としてすべて目を通すことを推奨する。

2023 年 12 月

金久保哲也

注 1)　本書の書籍詳細ページ（https://www.coronasha.co.jp/np/isbn/9784339013740/）からカラー図面などの補足情報が確認できます。

注 2)　本書で使用している会社名，製品名は一般に各社の登録商標です。本書では®や TM は省略しています。

注 3)　本書で紹介している URL は 2023 年 12 月現在のものです。

目　次

第 1 章
リアルタイム CG

第 2 章
モ　デ　ル

第 3 章
ラ　イ　ト

第 4 章 マテリアル

第 5 章 アニメーション

第 6 章
ワークフローと アーティストの役割分担

第 7 章
背景・ステージ制作

第8章
キャラクター制作

第 9 章　ゲームアニメーション制作

第 10 章　カットシーン制作

第 11 章
エフェクト制作

第 1 章

リアルタイム CG

本章ではリアルタイム CG について解説する。最初にリアルタイムで CG 映像を生成するパイプラインやフレームレート，レイテンシについて解説する。つぎに現在のゲーム開発のグラフィックス制作に欠かせない総合型 3DCG ツールとゲームエンジンについて解説し，リアルタイム CG によるゲームグラフィックス表現の変遷についても解説する。本章を通じてゲームグラフィックスの仕組みや表現の変遷を踏まえ，アーティストとして取り組む課題について学ぶ。

1.1　リアルタイム CG とは

リアルタイム CG とは即時にレンダリングされる CG で**リアルタイムレンダリング**ともいう。これに対して事前に数時間から数日の時間を掛けてレンダリングするものを**プリレンダリング**，あるいは**オフラインレンダリング**という。リアルタイム CG はデジタルゲームの画面表示だけでなく，VR（virtual reality）やシミュレータ，インベント展示，近年では VTuber 配信でのキャラクター表示やバーチャルセットなど幅広く利用されている。

リアルタイム CG はその仕組み上，使用できるデータや計算量に限りがあるため，さまざまな工夫や制限を要求される。また，即時性を優先するためにプリレンダリングよりも表現の精度を低くする場合が多い。基本的に最新のプリレンダリングの CG 技術の後を追うような形でリアルタイム CG は進化を続けてきたが，ハードウェアや技術の進歩によってその差は短くなりつつある。現在ではリアルタイム CG の技術がプリレンダリングに応用されることもあり，相互に影響を与えながら進化している。

1.2　リアルタイム CG の仕組み

リアルタイム CG は比較的単純な演算を一度に大量に処理する必要がある。現在は **GPU** と呼ばれるグラフィックス演算に特化したチップでこれらの処理が行われている。図 **1.1** は GPU の基本的な処理の流れを示したもので，この処理の流れが並列に行われている。これを**パイプライン**と呼ぶ。

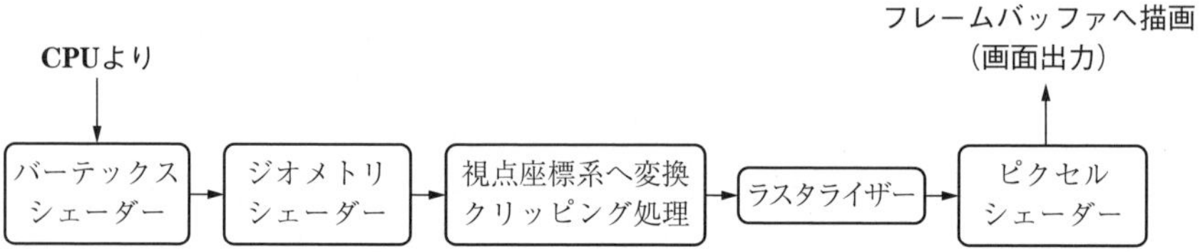

図 1.1　GPU の基本的な処理の流れ

1. CPU でオブジェクトを 3 次元空間に配置する。
2. バーテックス（頂点）シェーダーでオブジェクトの頂点座標をワールド座標に変換する。
3. 必要に応じてジオメトリシェーダーでオブジェクトの頂点数を増減させる。
4. 視点座標への変換とクリッピング処理（ビュー範囲外の部分を切り取る処理）を行う。
5. ラスタライザーで 3 次元のオブジェクトを 2 次元のピクセルに変換させる。
6. ピクセルシェーダーでピクセル単位の明るさや色を決定する。

3DCG に特化したハードウェアの性能向上によって，リアルタイム CG もさまざまな表現が可能となり進化してきたが，ハードウェアの仕様に従う必要もあるため，さまざまな制限を受けることにもなった。

ゲーム専用機は基本的にリリースされたハードウェアの仕様が変わらないた

め，絶え間なく進化するリアルタイム CG の表現を限られたリソース内で工夫しながらゲーム開発を行う必要がある。逆に PC やスマートフォンのゲーム開発においては，多様なハードウェアの仕様が存在する状況で，要求されるリアルタイム CG のスペックを実現するグラフィックス表現を見定めることが課題となる。

1.3　フレームレート，レイテンシ

リアルタイム CG の動きの滑らかさは**フレームレート**によって決まる。1 秒間に処理できる画面枚数を単位 fps（frame par second）で表す。ビデオゲームでは 60 fps つまり，1 秒間に 60 枚の画面を表示させるのが標準的フレームレートとなっている。fps が高いほどリアルタイム CG の動きはなめらかになる。逆に極端に fps が低い場合，動きはカクカクしたものになる。これを**フレーム落ち**という。

プレイヤーが何かしらの操作を行い，それが画面に反映するまでに数 ms（ミリ秒，1 000 ms =1 秒）の遅延が発生する。これを**レイテンシ**という。数値が小さいほどリアルタイム CG の即時性が高いことを意味する。

リアルタイム CG でのフレームレートやレイテンシは条件によって随時変化する。例えば，ある視点から見た場合で処理負荷が許容範囲内であったとしても，別の視点から見た場合にレンダリングするオブジェクトの数が増えることで，急激に処理負荷が掛かってフレーム落ちが発生したり，レイテンシが高くなることで，プレイヤーの操作で意図しない急激な挙動の変化が発生してゲームプレイを阻害する原因になる。レイテンシはネットワーク環境やディスプレイ環境が原因で発生する場合もある。

アーティストはフレームレートとレイテンシに関してシーン内にあるオブジェクトやキャラクターの数は多すぎないか，またモデルのポリゴン数やテクスチャのサイズが必要以上に高精度でないか，エフェクトの数や画面処理の重さなどに留意する必要がある。

作成したモデルやエフェクトを実際にゲームステージに配置して，さまざまな視点から処理負荷が適切であるかどうか確認する。もし，処理負荷が適切でない場合は処理負荷が大きな要素を見つけ出し，ポリゴン数を減らす，テクスチャサイズを変更する，画面に入るモデルが増えないよう配置を変更する，根本的に表現の代替案を検討するなどの対処を試みる。

1.4　リアルタイムCGのアセット制作環境

リアルタイムCGのモデルやテクスチャ，アニメーションなどに代表される**アセット**は**図1.2**のようなMayaやBlenderなど**総合型3DCGツール**（**DCC**（digital content creation）**ツール**）で作成する。

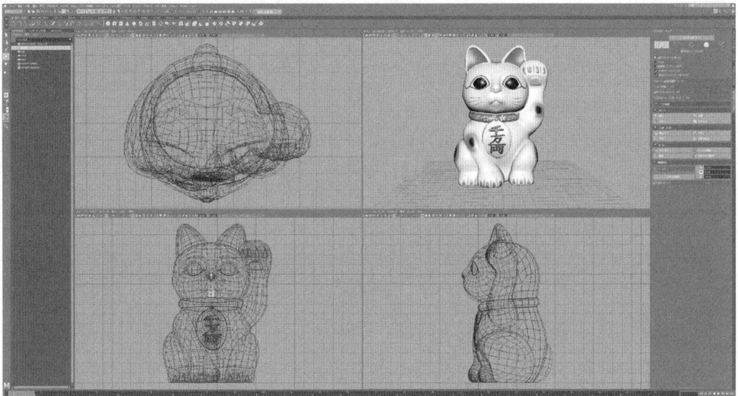

図1.2　Mayaの画面

総合型3DCGツールの機能はプリレンダリングでの制作も想定しているため，ツール上で実現するすべての表現がリアルタイムCGで可能というわけではない。例えば，物理シミュレーションの表現はそのままの計算精度をリアルタイムで計算することは困難なため，計算結果をアニメーションやVAT（vertex animation texture，詳細は11.4.1項〔4〕で解説）に変換して表現する。キャラクターの髪の毛や衣服の揺れ等プレイヤーの操作に追従しなければならない表現に関しては，ゲームエンジンに実装されている計算負荷の低い物理シミュレーションを設定して表現する。また総合型 3DCG ツール上でスクリプトや計算式によってコントロールされている補助骨や小物などのアニメーションは，スクリプトや計算式の挙動を再現したプログラムをゲームエンジン実装する必要がある。

リアルタイム CG のアセットの制作フローは総合型 3DCG ツールで作成されたアセットをゲームエンジンにインポートして，モデルやマテリアル，アニメーション等の各アセット間の関連付けやゲームエンジン上でしか設定できないパラメータを設定して結果をゲームエンジンで確認するという流れになる。これを繰り返し行う必要があり，イテレーションの効率化や直感的な調整を目的として，総合型 3DCG ツールとゲームエンジン間でデータの更新を同期化したり，総合型 3DCG ツール上で設定したパラメータをゲームエンジン上でも調整可能にする環境が開発されている。

近年ではゲームエンジンでもモデリング機能やアニメーション機能が追加され，これまでは総合型 3DCG ツールと連携していたアセット制作がゲームエンジンだけで完結される環境が整えられてきている。

1.5　ゲームエンジン

ゲームエンジンとはゲーム開発においてよく使われる基本的なフローがツールとして実装されており，効率的に開発を進めることができる統合開発環境である。

ゲームエンジン登場以前はゲーム専用機の開発環境は限られたデベロッパーしか使用することができないクローズされた環境であった。また，リアルタイム CG をコントロールすることは技術的に敷居が高かったが，ゲームエンジンが登場したことでゲーム開発の裾野が大きく広がり，現在では VR やシミュレーション，映像制作などゲーム開発以外の分野にも使用されている。

ゲームエンジンには図 **1.3** のような Unity や Unreal Engine など市販されて

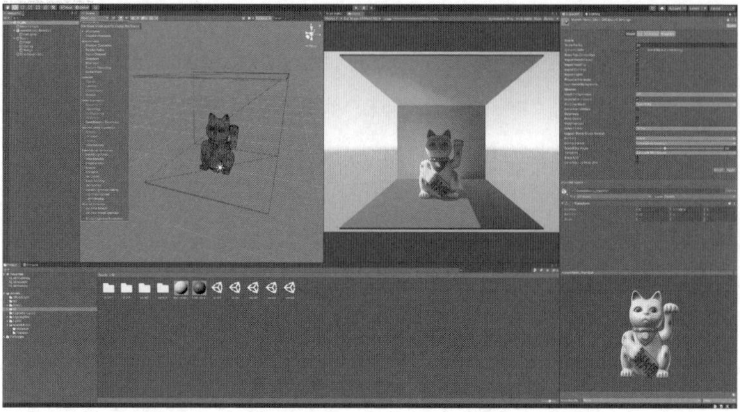

図 1.3　Unity の画面

いるものとゲームデベロッパーが独自に開発したものがある。市販されているゲームエンジンは導入した時点から基本的なゲーム開発部分を効率化させることができる一方で，独自の機能を拡張する際にそのゲームエンジンの要件に合わせて開発しなければならない不自由さや，開発に時間が掛かるリスクがある。また機能強化のロードマップやバージョン移行のタイミングをコントロールしにくい点が課題である。そのため，自社の開発体制や開発文化に合わせて柔軟に対応したい，外的要因に縛られることなく独自性や高品位のタイトルを生み出す開発環境を整備したいことから自社でゲームエンジンを開発するデベロッパーは存在する。

1.6　3DCG ゲームグラフィックス表現の変遷

初期に 3DCG で表現されたビデオゲームとして 1980 年にリリースされた ATARI の『BATTLE ZONE』が挙げられる。2 本のレバーで戦車を操作するシューティングゲームでベクタースキャンによるワイヤーフレームで戦車が表現されている。

1980 年代後半になると，『ウィニングラン』（1988），『バーチャレーシング』

(1992) など国内ゲームメーカーよりリアルタイム 3DCG システムが採用されたビデオゲームがリリースされ始める。この頃のリアルタイム 3DCG システムは表示できるポリゴン数が少なく，ライティングもポリゴン単位のフラットシェーディングで表現力に乏しかった。図 **1.4** は『ウィニングラン』のゲーム画面である。

図 1.4　『ウィニングラン』画面
〔提供：株式会社バンダイナムコエンターテインメント〕

図 1.5　『リッジレーサー』画面
〔提供：株式会社バンダイナムコエンターテインメント〕

1993 年にテクスチャマッピングによるグラフィックス表現が可能となった『リッジレーサー』がリリースされる。これまでの積み木のようなグラフィックが一気に図 **1.5** のように建物の窓や道路の詳細な柄などディティールのある表現に進化した。この頃のリアルタイム 3DCG システムは制約が多く，表現の自由度も少なかったため，アーティストが表現で工夫できることは，なるべく少ないポリゴンで効率良く見た目とバランスが取れた形状を作成することとそれを補うテクスチャマップの絵柄的な工夫が主流であった。

1994 年に家庭用ゲーム機 プレイステーションが発売されると，3DCG ゲームはより一般的なものとなり，3DCG のタイトルを開発するデベロッパーが増加した。ビデオゲームの中心はアーケードから家庭用ハードや PC へと移行されていく。

2000 年代になるとこれまで固定的であったグラフィックスパイプラインがプログラマブルシェーダーという形でプログラマーが新たな陰影処理や画面効

果，エフェクトを実装できる環境が開放された。これによりリアルタイム CG の表現はより急速に進化することになる。

これまでのグラフィックスのクオリティを左右していたポリゴンの造形やテクスチャの精細さだけでなく，緻密なライティングやより存在感のあるマテリアル，個性的なグラフィックスを実現するための独自のシェーダーなど，グラフィックス表現の進化とともに，アーティストが担う要素や自由度が増大している。

ゲームグラフィックスの進化を後押しした別の例として HD モニタの普及が挙げられる。2003 年から 2011 年の国内テレビ放送のアナログからデジタルへの移行期間にリリースされた家庭用ゲーム機（PlayStation 3，Xbox 360）は HD 表示が可能となり，画面の精細度が一気に上がった。これに対応するために，より先進のグラフィックス技法を取り入れる傾向が強くなり，アセットの増大によってアーティストの開発体制も大規模化していった。

1.7 アーティストが学ぶこと（アートとテクニカル）

リアルタイム CG の表現はハードや技術的な制限や条件の中で技術的な手法の工夫と写真や映像，アニメーション等の既存の表現手法を組み合わせて表現の可能性を広げてきた。リアルタイム CG の表現は現在でも進化の段階であり，アーティストにはハードや技術的な制限を超えて新たな表現を模索する力が求められる。そのために表現する映像がどのような原理に基づいて生み出されているのか，リアルタイム CG の技術的な知識を持ち，写真や映像，アニメーション等の既存の表現手法をどのように応用するのか，アートとテクニカルの両側面を学ぶ必要がある。

第 2 章

モ　デ　ル

本章ではモデルが表現される仕組みと制作手法について解説する。表現が高度化するゲームグラフィックスでも，その表現される仕組みはモデルの基本的な構成要素を操作する場合が多くある。アーティストでも高度な表現をコントロールするためにモデルの基本的な構成要素の理解が必要である。モデルは実際のゲーム開発ではゲーム中の扱い方によって，いくつかの種類に分類される。また，表現したい内容によってモデルの制作手法は異なる。

2.1　モデルデータの基本的な構成要素

リアルタイム CG で表示される背景モデル，キャラクターモデル，エフェクトなどすべてのモデルは以下に説明するモデルデータを構成する基本的な要素によって作成され，それぞれのモデルに必要となるデータが要素に追加される。例えば，ボーンによってスキン変形するモデルには，各点が持つ X, Y, Z の座標に加えてスキン変形するためのボーンの影響度を 0 ～ 1 の数値で表したスキンウェイトデータが追加される。モデルにテクスチャを張る位置を定める UV 座標はマテリアルだけでなく，ライトマップを作成する場合にも使用される。法線はモデルの裏表の定義だけでなく，パーティクルの操作にも使用される。アーティストはモデルの基本的な構成要素が形状以外にさまざまな表現で使用されていることを理解しておく必要がある。

2.1.1　ポ　リ　ゴ　ン

ビデオゲームで表現されている建物や自然物，キャラクターや乗り物などのモデルの形状はポリゴンの集合によって表現されている。**ポリゴン**は3次元直行座標（x, y, z）の座標で配置された点（以下，**ポイント**と呼ぶ）を三つ以上結んで定義した多角形である。

ポリゴンはデータ構造が単純で形状を作成する上で自由度が高く，ソフトウェア間でのデータのやり取りが簡易である。細かなポリゴンを数多く使用すれば精密な形状を表現することができるが，扱うデータ量が多くなりリアルタイム処理に影響する。

図 2.1 のようにモデルを構成する点にはそれぞれ番号が付けられている。加えてポリゴンを定義する際には結ぶ点の順番を定義する。これを**頂点番号**，あるいは**バーテックス番号**という。頂点番号はポリゴンごとに定義されるものなので，例えば，隣り合うポリゴン同士で共有する点でも頂点番号は同一であるとは限らない。

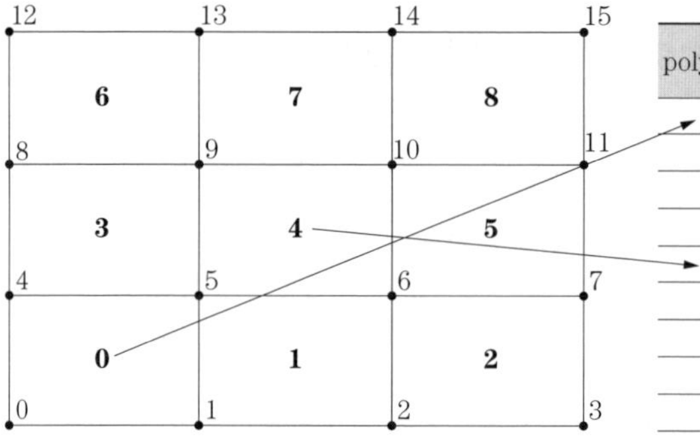

polygon	vertices				close
	0	1	2	3	
0	0	1	5	4	1
1	1	2	6	5	1
2	2	3	7	6	1
3	4	5	9	8	1
4	5	6	10	9	1
5	6	7	11	10	1
6	8	9	13	12	1
7	9	10	14	13	1
8	10	11	15	14	1

図 2.1　点と頂点番号，ポリゴンの関係

2.1.2　法　　　線

ポリゴン面に対して垂直に伸びる直線を**法線**といい，ポリゴンの表を定義するのに使用される。法線が伸びている面が表面になる。面に対してどちら側に法線が伸びるかはポリゴンの頂点番号の順番が時計回りか反時計回りかによって判定される。どちらの方式を使用するかはソフトウェアやゲームエンジンによって異なる。図 **2.2**(a)は反時計回りが表となる例で法線が伸びている表側

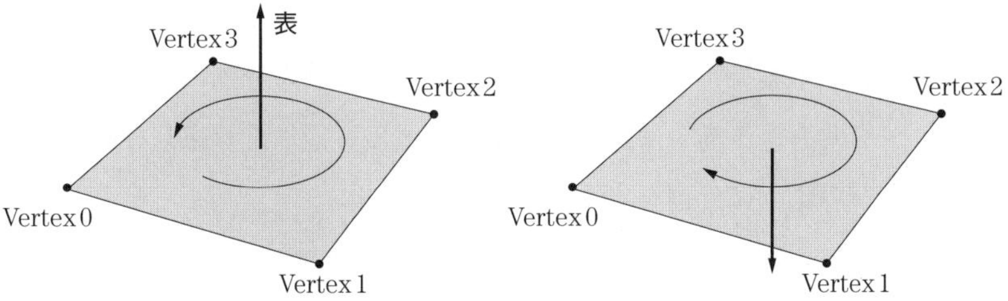

(a)　反時計回りの例　　　(b)　時計回りの例

図 2.2　法線の方向と頂点番号の関係

から見ると頂点が反時計回りに結ばれている。図(b)は時計回りが表となる例で法線が伸びている表側から見ると頂点が時計回りに結ばれている。

カメラからポリゴンの面が裏のときはリアルタイム CG では表示されない場合が多い。これは余計な計算を行わないためで，シェーダーの設定によって裏面をレンダリングするように設定することもできる。

ポリゴンは通常，四角形あるいは三角形で作成する場合が多い。四角形以上のポリゴンの場合，構成するポイントが同一平面上にない状態が発生して適切な法線が定義されないことによって，レンダリング結果にシワや不自然な陰影を発生させる原因になる。後述するトポロジーの観点からも基本的に曲率の高い箇所は適宜ポリゴン面を分割して構成することが望ましい。

2.1.3　トポロジー

トポロジーとはポリゴンのつながり方，格子の流れを指す。処理をなるべく抑えながらクオリティの高いモデルを制作するためにトポロジーは重要な要素である。形状に沿ってきれいに格子状に並んだトポロジーであればポリゴンのねじれや細分化の際の不具合が発生しにくく，きれいなレンダリング結果が得られる。例えば，キャラクターの顔は口や目など細かく複雑にアニメーションする。そのため，実際の顔の筋肉の付き方を意識してポリゴンのつながり，流れをモデリングする必要がある。

きれいなトポロジーを維持するためにモデリングは四角形（部分的には三角

形）でモデリングすることを心掛け，なるべく一つのポイントで四つのエッジを共有した状態を維持するように分割する。ポリゴンの分割の関係で三つや五つのエッジを共有する場合は，ねじれが発生する可能性を考慮しながら，なるべく目立たないように分割をするようにする。

2.1.4　UV　座　標

モデルにテクスチャをマッピングする際，モデルの面や頂点に対してテクスチャを貼り付ける位置や方向，大きさを指定する座標系を**UV**，**UV 座標**，あるいは**テクスチャ UV** という。

モデルへの UV 座標の設定は Maya 等の総合型 3DCG ツールの UV エディタで行う。複雑な形状は**図 2.3** のようにモデルにシーム（切れ目）を指定してペーパーモデルの展開図のように展開する。シームはテクスチャの柄がつながるような箇所は避けて設定すると編集しやすい。展開した面は重ならないように配置する。面が重なった UV 座標はライトマップを設定すると，想定した結果にならないので注意する。

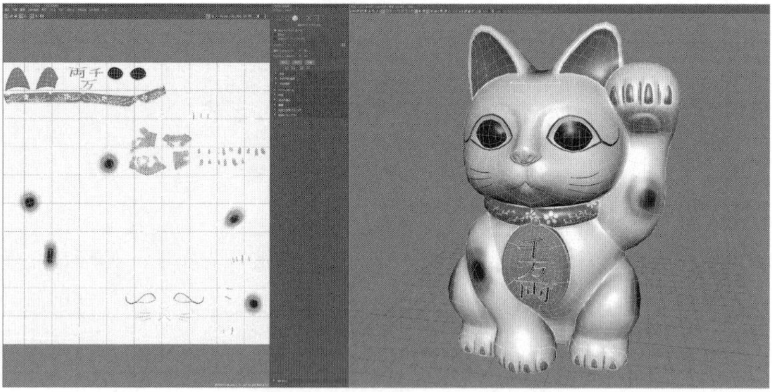

図 2.3　Maya の UV エディタ画面

モデルの面に対してテクスチャがどのくらいの大きさを占めているかによって，マッピングした結果が変わる。例えば，キャラクターの場合，アップになる場合は顔の部分はテクスチャの領域を大きくして細部まで表現する必要があるが，あまり大きく映ることがない足元や小物類は必要以上のテクスチャの領域を使用しない。基本的にはレンダリング画面に対して表示される割合が大きく，精細な表現を必要とする部分は領域を大きく，表示される割合が小さい部分は領域を小さくする。テクスチャサイズをバランス良く割り当てることを心掛ける。規則的な模様をマッピングする場合は模様が歪まないようにUV座標をグリッド状に展開する必要がある。グリッド状に展開するためにはモデリングの時点でトポロジーに留意したモデリングを心掛ける必要がある。

2.2 モデルの種類

ビデオゲームのモデルはビデオゲーム内での役割に基づいて三つに分類することができる。各モデルは制作する上で留意すべき点や，表現する上で使用される技術が異なる。3種類に分類されるモデル以外にビデオゲームのグラフィックス表現を構成するものとしてエフェクトが挙げられるが，形状を表現するというモデリングの要素に加えて，アニメーションと密接に関係するもので，詳細については11章で解説する。

2.2.1 背景モデル

背景モデルはおもに地形や建築物などゲームの世界を構成する静的なモデルである。風車や工場のラインといった背景の一部が可動するような場合は背景チームが担当したり，エフェクトの一部としてエフェクトチームが担当したり，動きだけをアニメーションチームに任せるなど，ゲーム中での登場の頻度や表現の内容によって取り扱われ方が開発体制によって異なる。

2.2.2 プロップ

ゲーム空間上を移動する乗り物やキャラクターが持つ装備品を**プロップ**という。背景モデルと大きく異なる点はライティングの扱いが挙げられる。移動や回転のない背景モデルは基本的にライティングが固定であるのに対して，プロップはゲームのステージで移動，回転することでライティングが動的に変化する。例えば，プレイヤーの操作やゲームシステムによって移動する自動車はプロップとして動的なライティングが必要だが，つねに停車している状態で動くことのないステージに配置された自動車は背景として静的なライティングで表現される。

プロップの制作はチーム体制によって異なる。例えば，キャラクターが持つ装備品はキャラクターモデリングの一部として取り扱われる場合が多い。一方でレースゲームのように車が主役のゲーム開発においては，車のモデリングを専任で行うチームを設ける場合もある。キャラクターとプロップ，背景とプロップ，エフェクトとプロップなど，関連性の特に強い要素に留意しつつ，制作チームで効率的な体制を検討する。モデルとアニメーション，エフェクトなどを分担して制作を進める場合は，それぞれの担当者同士でモデルサイズの仕様や配置に関する仕様，実装までのフローについて事前に打ち合わせてから制作を進めるようにする。

2.2.3　キャラクター

キャラクターはゲーム上に登場する人物や生物，ロボット等を表現したモデルである。ゲーム空間上を移動する点ではプロップと共通するが，ボーンによるスキニング変形によってアニメーション表現することが多い。スキニング変形は有機的な形状をアニメーションする手法であるが，ロボットのような形状のキャラクターであっても，ゲームシステムでの取り扱いの便宜上からボーンによるスキニング変形でアニメーションされることが多い。

2.3　モデルの制作手法

2.3.1　一般的なポリゴンモデリング

一般的なポリゴンモデリングでは，総合型 3DCG ツールで用意されている立方体や球体，パススウィープや回転体等の機能で作成した形状を基に，モデルのポイントやエッジを移動，面を分割，押し出す等の操作を繰り返して形状を作成する。この手法は自由度が高いがつねにトポロジーを意識して作業する必要がある。

2.3.2　スカルプティング

プリミティブや立体形状の表面を盛り上げる，削る，滑らかにする，細かなディティールを加えるといった操作を粘土で塑像するかのようにツールで直感的に操作して形状を作成することを**スカルプティング**という。アーティストの操作に対応してポイントやエッジへの処理が適宜組み合わせて行われることで，ポイントやエッジを気にすることなく形状の編集に集中することができる。非常に細かく分割されたポリゴンを操作するため，モデルが完成した後にゲームでの使用に適したポリゴン分割数に再構築する。この作業を**リトポロジー**という。リトポロジーを行うことで失われる表面の細かなディティールはNormal Map に変換してノーマルマッピングで表現する。

2.3.3　スキャニング，デジタイズ

実在するプロダクトや模型を機械計測してデジタルデータ化することができる。さまざまな方式の計測機械があるが，大きく分けて接触型と非接触型がある。

接触型は測定エリアの 1 点を指すデバイスを測定対象に当てて 1 点ずつ座標を入力する。この際にあらかじめ測定対象に格子状に目印を付けてトポロジーを考慮した測定結果になるようにする場合がある。ほかに，測定対象の表面をデバイスで撫でるように移動させて，任意の間隔で点を発生させて，座標を入力する方法がある。この場合，測定結果は表面上にランダムに並んだ点群となり，測定後にトポロジーを整える工程が発生する。

非接触型はデバイスが触れることができない箇所があるもの，測定物が壊れやすいものを測定する場合に適している。測定技術の精度の向上によって，ハンディタイプのものからターンテーブルに測定物を置いて回転させて自動測定

できるものや，大きな建物や自然物を取り込むシステムもある。これらのシステムは形状を測定する際に点群データとして記録されるため，そのままではデータ量が大きすぎてゲームで使用することができない。記録したデータはリトポロジーを行い，ゲームで使用するデータとして最適なデータ量に調整する。

2.3.4　フォトグラメトリ

フォトグラメトリとは，スキャニング，デジタイズと同様に実在するプロダクトや模型をデジタルデータ化する手法である。接触式デバイスやレーザー等の非接触センサーで測定するのに対して，フォトグラメトリは測定対象をあらゆる方向からカメラで撮影し，複数の画像を基にモデルを生成する方法で形状とテクスチャ素材をデータ化することができる。建築物のような大きなものから，手の上に乗るフィギュアのような小さなものまでモデル化することができるが，もととなるのが画像データであるため，白飛びするような光沢のあるもの，半透明や反射が強いもの，植物など形状が入り組んだものはこの手法は適切ではない。フォトグラメトリで生成されたモデルは点群を基にしたメッシュであるため，データ量が多い場合は適宜リトポロジーを行って適したデータ量に調整する必要がある。

図 2.4　フォトグラメトリを効率的に行う専用ステージ
〔提供：株式会社クレッセント〕

図 **2.4** のようなフォトグラメトリを効率的に行うための専用ステージもある。規則的に並べられたデジタルカメラとフラッシュライトは同期が取られており，図 **2.5** のような影のない安定したテクスチャ素材を同時に得ることができる。キャラクターのリアルなフェイス作成に使用されることが多く，スポーツゲーム等で実在する選手を効率的にデジタルデータ化することができる。

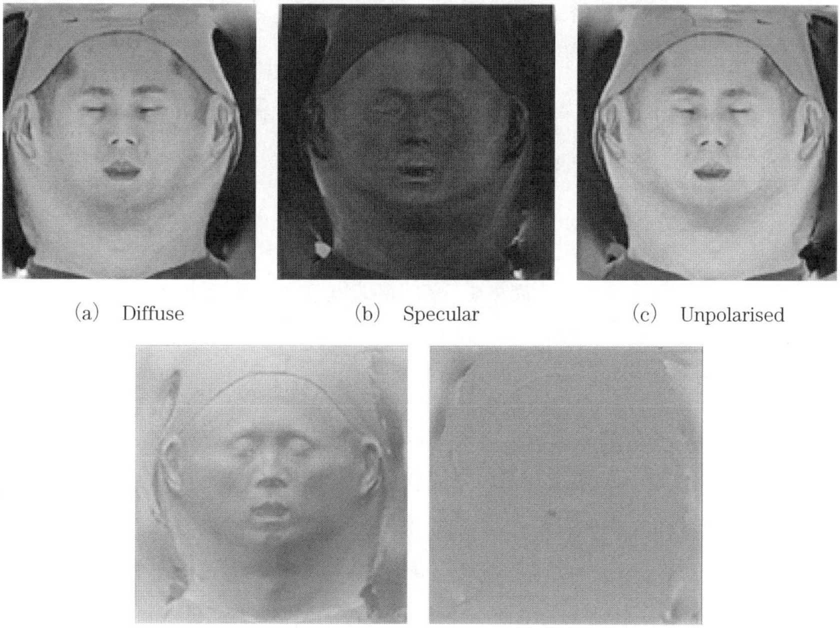

(a)　Diffuse　(b)　Specular　(c)　Unpolarised

(d)　Normal　(e)　Tangent

図 2.5　フォトグラメトリで習得したデータ（口絵1）
〔提供：株式会社クレッセント〕

2.3.5　ビルボード表現

樹木に付いている大量の葉や花といった形状としてとらえにくいものはビルボードで表現されることが多い。ビルボードは図 **2.6**(a)のように板状のポリゴンに樹木など複雑な形状のテクスチャマップを貼る。このとき，テクスチャマップのデータに色を定義する RGB チャンネルに加えて，透明，不透明を定義する**アルファチャンネル**（**A チャンネル**ともいう）を追加して，表示する部

(a)　1枚のポリゴンでの例　　(b)　2枚のポリゴンを交差させた例

図2.6　ビルボードの例

分を白，透明にする部分を黒で定義することで，樹木などの形に切り抜いた表現ができる。アルファチャンネルを追加することができるデータフォーマットはTIFFやPNGなど制限されるので注意が必要である。

この表現手法は3DCGゲームでテクスチャ表現が可能になった頃からあるテクニックの一つである。厚みがないのをわからないようにするために，図(b)のように板状のポリゴンを交差させて配置する，あるいは視点に対してつねに板が正面を向くようにプログラムで向きをコントロールする。テクスチャ表現が可能になった初期のドライブゲームでは，コース脇に大量に配置される街路樹はビルボードで表現され，プレイヤーの視点を向くようにプログラム制御されていた。

1枚のテクスチャを板状のポリゴンに貼るだけでは見え方によっては厚みのないものとわかってしまうが，例えば，モデルをあらゆる方向からレンダリングした画像を用意して，視点によって表示するテクスチャを切り替えることで厚みや奥行を感じさせることができる。これは**インポスター**（impostor）という古くからある手法である。用意するデータを作る工程が複雑で手間が掛かるのが課題であったが，近年，総合型 3DCG ツールでこの手法のための環境が整えられたことによって用意するデータが作りやすくなり，ゲームエンジンで簡単に実装できるようになったことで使用する事例が多くなった。

ビルボードは爆発や炎，煙等といった形状としてとらえにくいものを表現するのに向いており，アーティストの工夫できる裁量が広いためエフェクトでも使用されている。

2.3.6　プロシージャルモデリング

プロシージャルモデリングとはあらかじめ法則や数式，処理に則った手順を決めてモデリングを行う手法で，以下のようなアーティストの課題を解決する手法として注目されている。

1. 大量のバリエーションのモデルを効率的に作成，配置する。
2. デザインに統一感のある広大なステージを効率的に作成する。
3. モデリングのイテレーションを効率的に行うフローを構築する。

プロシージャルモデリングを実践するにあたって，何か特定の技術や制作環境があるというものではない。プロシージャルモデリングとは，ある特定の技術を使用するものではなく，モデリングする上での制作思想や考え方である。

例えば，広大なエリアに樹木や植物のモデルを配置する場合，1 本 1 本配置したのでは効率が悪く時間が掛かる。そこで，あらかじめ樹木や植物の配置に法則を設定する。地面のモデルの法線の方向を参照して，急な斜面には樹木は配置しない，配置するポイントの高さによって配置する植物の種類を変える，あらかじめエリアのモデルにペイントした特定の頂点カラーの箇所には樹木や植物を配置しないなどスクリプトやツールを使って自動的に配置を行う。ビル群が立ち並ぶ広大な町並みの背景を作成する場合，ビルを一つひとつモデリングすることは掛かる時間や手間を考慮すると現実的ではない。まず，道路で区画された部分に合わせて単純なボックス形状を配置した後，ボックスを任意の分割数で分割し，分割したグリッドを基に窓や柱などビルの構造物を配置する。配置する構造物はそれぞれの比率や分割数，各要素とのモデルのつながり等に法則性を持たせることでグリッドの大きさや比率が変わってもトポロジーが破綻しない。

以上のような法則を一つ作成してしまえば，パラメータの変更や法則の一部改変でバリエーションを短時間に作成することや，大掛かりなモデリングや配置作業でも変更に対して柔軟に対応することができる。プロシージャルなモデリングを行うためには形状を表現するモデリング力と同時にモデルのトポロジーや UV 座標などのモデルを構成する要素の理解とスクリプトや数式等のテクニカルな知識が必要となる。

プロシージャルモデリングには特定の技術や制作環境はないと前述したが，プロシージャルモデリングを行いやすい環境はある。Houdini はツール全体がプロシージャルの思想で設計されたもので，モデリングからアニメーション，エフェクトなどをプロシージャルに制作することが可能で，ゲームエンジンと連携する環境が整えられている。

例えば，図 **2.7** のように Houdini で構築した高さや奥行，ステップ数などのパラメータを設定して階段をモデリングするロジックを使用して，プラグインを導入した Unity や Unreal Engine でも同じ方法で階段をモデリングすることができる（図 **2.8**）。

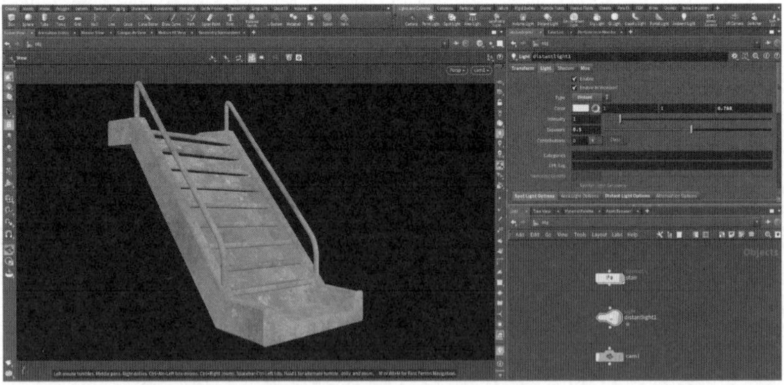

図 2.7　Houdini でのプロシージャルロジック構築例
〔提供：株式会社インディゾーン〕

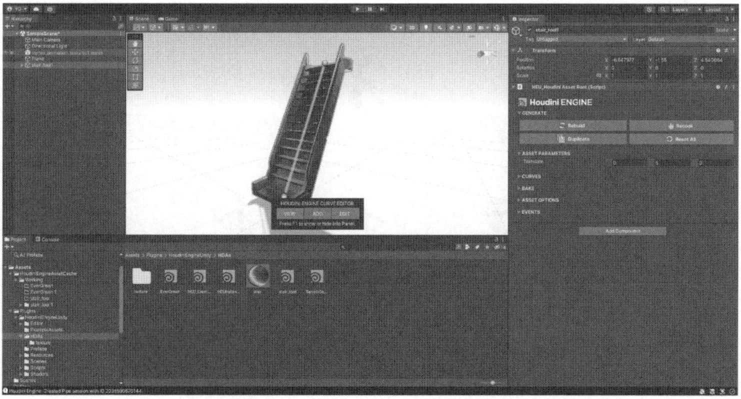

図 2.8　Unity でのロジック再現例
〔提供：株式会社インディゾーン〕

Substance Designer（図 **2.9**）はノードを組み合わせることでプロシージャルにテクスチャ素材を作成することができる。テクスチャ素材を出力するだけでなく，構築したテクスチャを作成するロジックを総合型 3DCG ツールに読み込んで，ロジックのパラメータを変更することができる環境も整えられている。

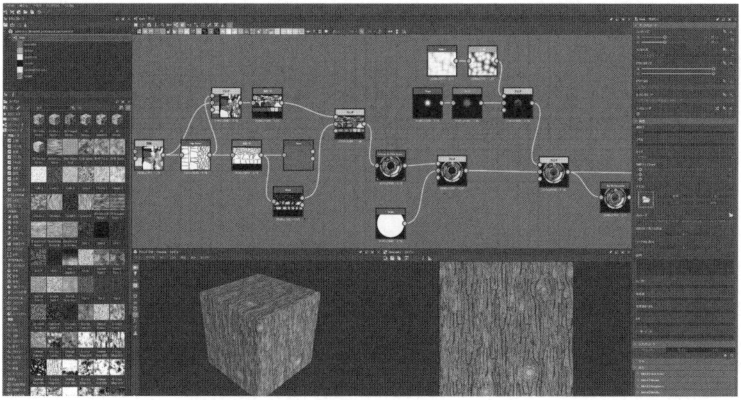

図 2.9　Substance Designer の画面

また，Speed Tree や City Engie のようにゲームエンジンと組み合わせてパラメータコントロールだけで沢山のバリエーションの樹木を自動で配置したり，広大な町並みを自動生成するプロシージャルツールも登場している。

第 3 章

ラ イ ト

本章ではライト全般に関して解説する。CG のライトは現実世界の照明モデルを簡略化したもので現実の照明による表現をすべて再現することはできない。例えば，現実の世界は光を受けた物質が周囲に影響を与え合っており，光が直接当たらない部分でも完全な黒色にはならない。

ライティングはシーンの雰囲気を決定付ける大切な要素であり，実写のライティング理論や CG ライトの特性を理解して制作に取り掛からなければならない。また本章ではリアルタイムで処理することができないライト表現を輝度情報のテクスチャで表現するライトマップの手法についても解説する。

3.1 実写ライティングの知識

ライティングとはゲームステージにおいて，シーンに配置したライトで光と陰影のバランスをコントロールすることで適切な立体感を表現したり，シーンにおける時間や季節，状況，雰囲気を演出することである。

写真や映像作品では意図したイメージを制作するためにライティングの知識は欠かせない。スタジオでライティングを行うだけでなく，野外であってもロケーションの光の状態を踏まえて，影になる部分にレフ板で明るさを加える，輪郭を強調するためにライトを当てるなど意図したイメージになるようにライティングを行う。

表現技術の進歩によりリアルタイム CG においても高度なライティング表現が可能になったことで，ライティングが担う役割は大きくなってきている。アーティストは実写のライティング知識と CG でのライティングの特性を理解してライトをコントロールする必要がある。以下にライティングの基礎知識と基本的な用法を挙げる。

3.1.1　直接光と拡散光

直接光とは直射日光や拡散させていないライトの光である。特徴として図**3.1**(a)のように影がシャープな本影のみが落ちる。直接光でライティングされたオブジェクトは明暗にメリハリがあり，シャープなハイライトを表現することができる。

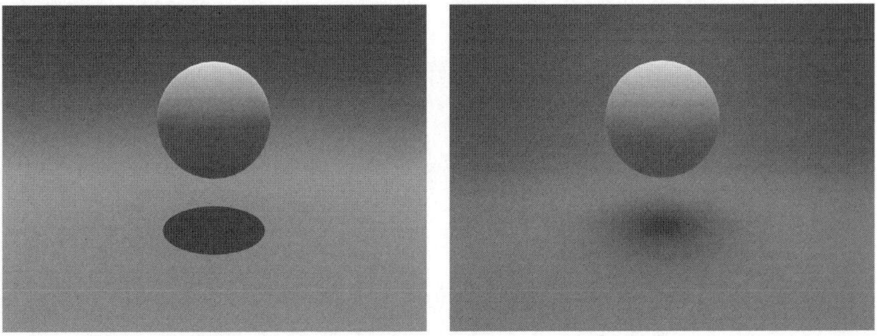

(a)　直接光によるライティング例　　(b)　拡散光によるライティング例

図3.1　直接光と拡散光の比較

拡散光は実写のライティングでは光源に光を拡散させるフィルムを張り付けたり，光源を白い板や天井に向けて設置し，反射した光を光源としている。図(b)のような光が回り込んで柔らかなイメージを表現することができる。CGのライトでは，指定した長方形の片面を光源とするAreaライトを使用する，あるいはグレースケールで描かれたディフーズイメージをライトに適用することで表現する。

3.1.2　光の方向による対象物の見え方の違い

照らす対象に対して光を当てる方向によって対象の見え方が変化する。

〔**1**〕 **正面からのライト**（図**3.2**）　カメラと同じ方向からのライティングで画面奥方向へ影が伸びるので平面的に見える。

〔2〕 前方斜め 45° からのライト（図 3.3）　立体感が適度に出る。正面をしっかり見せる場合によく用いられる。

図 3.2　正面からのライト（口絵 2）

図 3.3　前方斜め 45° からのライト（口絵 3）

〔3〕 横からのライト（図 3.4）　表面の凹凸が強調されて対象の立体感が前方斜め 45° からのライトより強くなる。

図 3.4　横からのライト（口絵 4）

図 3.5　後上方からのライト（口絵 5）

〔4〕 後上方からのライト（図 3.5）　正面に落ちる影で立体感が増し，対象の輪郭が強調される。

〔5〕 上方からのライト（図 3.6）　拡散光で照らすと野外の曇天のようになり，自然な印象になる。

図 3.6　上方からのライト
（口絵 6）

3.1.3　三灯照明（三点照明）

三灯照明（三点照明）はライティングの基本的な手法で，**キーライト**，**フィルライト**，**バックライト**の三つのライトで対象を照らす。

図 **3.7** のように，キーライトは対象を照らす基本のライトで三つのライトの中で最も明るい設定で，シーンの光の方向性を表す。フィルライトはキーライトが照らせない部分，キーライトとは反対側から対象を照らすことでコントラストを和らげる効果がある。バックライトは対象の後上方から対象を照らすことで，輪郭を強調して背景から浮き立たせる効果がある。

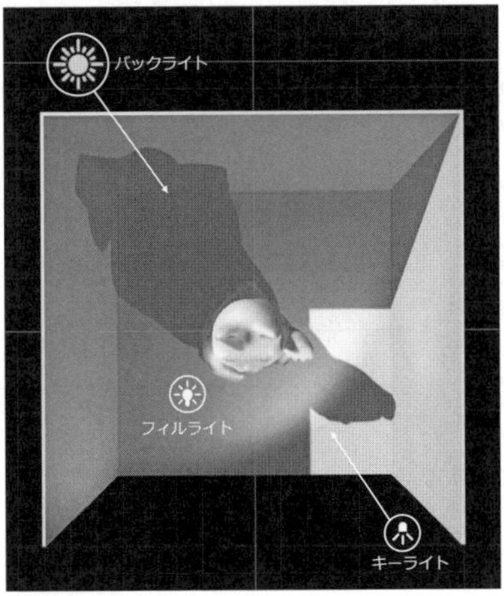

図 3.7　三灯照明のレイアウト例

なお，図 **3.8** は各ライトのみで対象物を照らした例と三灯で照らした状態を比較した例である。

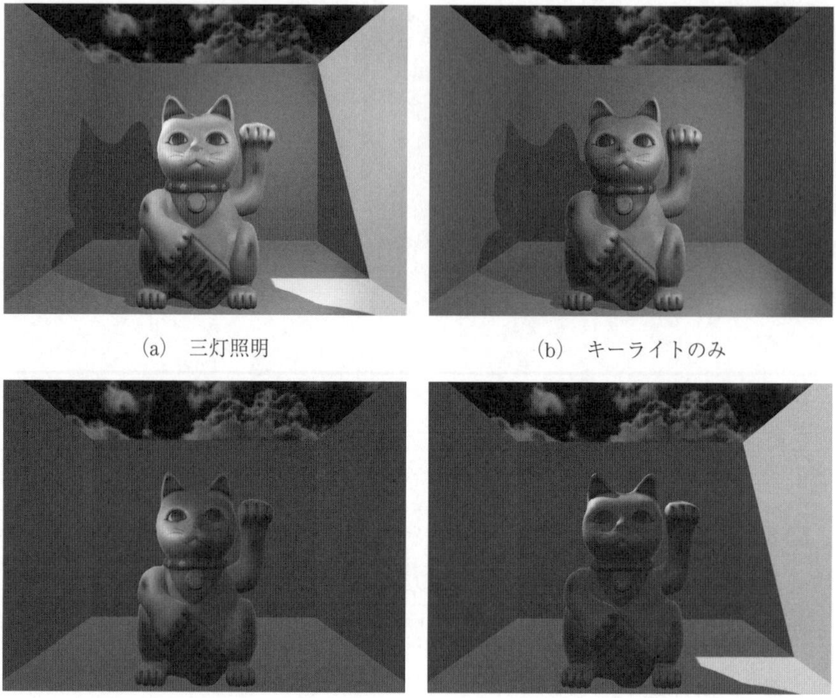

(a)　三灯照明　(b)　キーライトのみ

(c)　フィルライトのみ　(d)　バックライトのみ

図 3.8　三灯照明のライトごとに照らした例（口絵 7）

3.1.4　キャッチライト

キャラクター特有のライティング要素でキャラクターの瞳に光を意図的に写し込ませて，生き生きとした表情を表現することができる。人物撮影で使われていた手法であるが，CG の場合は写し込ませる光源を任意の形にコントロールしやすいため，星型などユニークな**キャッチライト**で表現することもある。

3.2　CG のライトの特徴

CG のライトは現実のライトとは異なる状態に設定することができる。実写のライティング演出方法を踏まえた上で，CG のライトの特徴を生かしてライティングを行うことで，意図するライティング演出を効率的に設定することができる。

3.2.1　ライトが影響する対象の設定

ライトごとに，どのオブジェクトをライティング対象にするか，設定することができる。例えば，図 **3.9**(a)のように招き猫を三灯照明でライティングした際に招き猫以外の対象物に意図しない照明効果が現れてしまう場合がある。図(a)ではフィルライトが壁にも影響して一部だけ明るくなっている。この場合，キーライト以外のライトを背景に影響させないように，招き猫だけにライトの影響を与えるように設定することができる（図(b)）。

(a)　すべてのオブジェクトに影響　　(b)　招き猫のみに影響

図 3.9　オブジェクトに対するライトの影響の ON/OFF 例（口絵 8）

3.2.2　減衰率の設定

CG のライトは図 **3.10** のように減衰率を設定してライトから離れるほどライトの明るさが暗くなるような現実のライトのように振る舞う設定ができる。反対にまったく減衰しないようにしたり，極端に減衰を短い距離にしてステージのごく一部部分だけをライティングするということも可能である。

前述の通り，現実世界での現象のように光を受けた物質が周囲に影響を与え合って，光が直接当たらない部分でもわずかに明るいといった表現を行うことは難しい。演出的な意図で部分的に影響するライティングを設定したり，暗い

図 3.10　減衰率を設定した例

ステージでアイテムだけを目立たせるために減衰率をコントロールする。

3.2.3 影 の 表 現

現実のライトはすべて影を落とすが，CG のライトは影の ON/OFF が可能である。この機能によってモデルの影を意図した状態に整理することができる。例えば，図 **3.11**(a)は複数のライトを配置して対象物を照らしているが，各ライトからの影が床面に映ることで影の表現が煩雑になっている。キーとなるライト以外の影の設定を作成しない設定に切り替えることで，図(b)のように影の表現が整理される。

(a)　複数のライトの影を ON　　(b)　キーライトのみ影を ON

図 3.11　ライトの影の ON/OFF 例（口絵 9）

またライトごとに影の濃さを数値で調整することができる。ほかにもライトに対してグレースケールのイメージを適用して，水中の地面に落ちる水面の表現や木漏れ日を表現することや，実際には落ちることがない形状で影を表現することもできる。

3.3 ライトの種類

モデル制作とは異なり，総合型 3DCG ツールで使用されるレンダラーはリアルタイム CG に特化したものではなく，ツールごとにパラメータの体系も異なるため，ライトのポジションや傾きなどの基本的な情報を除いて Maya や Blender 等の総合型 3DCG ツールのライトデータをゲームエンジンで再現することはできない。また，グローバルイルミネーション（3.4 節参照）やライトマップ（3.5 節参照）などゲームエンジンでしか設定できない要素もあるため，ライトの配置やパラメータ設定などの作業は，ゲームエンジンで直接行うのが一般的である。

3.3.1 Environment ライト

現実の世界では太陽や光源からの直接の光だけでなく，光を受けた物質が周囲に影響を与え合っている状態にあり，光が直接当たらない部分でも完全な黒にはならない。こうした状態を想定して表現するのが **Environment ライト**で，影の濃さや色などシーンの雰囲気を決定付ける大切な設定である。スカイライト等使用するツールやゲームエンジンによって呼称は異なる。

Environment ライトはゲームシーン全体を覆う半球あるいは球の内側に図 **3.12**(b) や図 **3.13**(b) のような，空や周囲の景色のイメージをマッピングし，これをライティング情報として扱う。イメージの太陽や月，光源など明るい部分を光源と想定することもできるし，これを無視した設定にすることもできる。なお，図 3.12(a) と図 3.13(a) はそれぞれ図 3.12(b)，図 3.13(b) のイメージを Environment ライトに設定したシーンの例である。

(a)　ライトを適用したシーン　　(b)　Environment ライトイメージ

図 3.12　Environment ライト例 1（口絵 10）

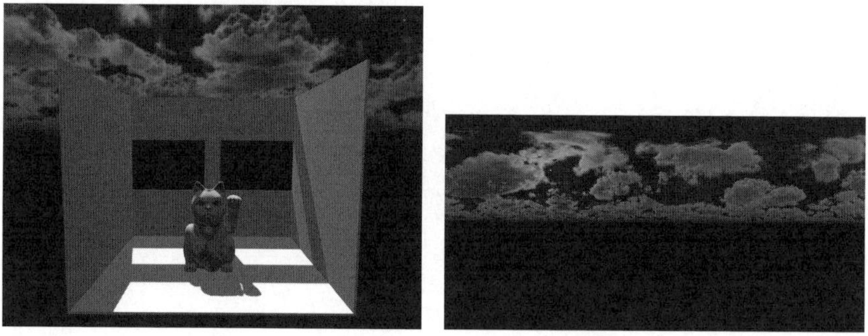

(a)　ライトを適用したシーン　　(b)　Environment ライトイメージ

図 3.13　Environment ライト例 2（口絵 11）

マッピングに使用するイメージデータは実際の空を全天周で撮影したものや空から地面への色の移り変わりを表したグラテーション画像を使用するほかにゲームエンジンによってはシーンに撮影ポイントを設定して，ポイントから 6 方向のレンダリングした画像を使用することができる機能もある。テクスチャに HDRI を使用すると細かな明暗の階調を再現できる。HDRI（high dynamic range images）は通常のイメージデータよりも高い輝度から低い輝度まで広範囲な情報を持つのが特徴のイメージデータフォーマットである。

3.3.2　Directional ライト

Directional ライトはパラメータに方向だけを持ったライトでシーン全体を均等に照らす。太陽など遠く離れた大きな光源を表現するのに使用する。Directional ライトは図 **3.14** のように位置と傾きを設定することができるが位置自体はどこに変更してもライトの結果は変わらない。

図 3.14　Directional ライト例（口絵 12）

3.3.3　Point ライト

Point ライトはシーンの 1 点に位置して，すべての方向に均等に光を放出する光源でランプや電灯など局所的な光源を表現するのに使用する。以下で説明する Spot ライト，Area ライトも含めて，光が届く距離を減衰率として設定することができる。Point ライトは図 **3.15** のように球の大きさでライトが照ら

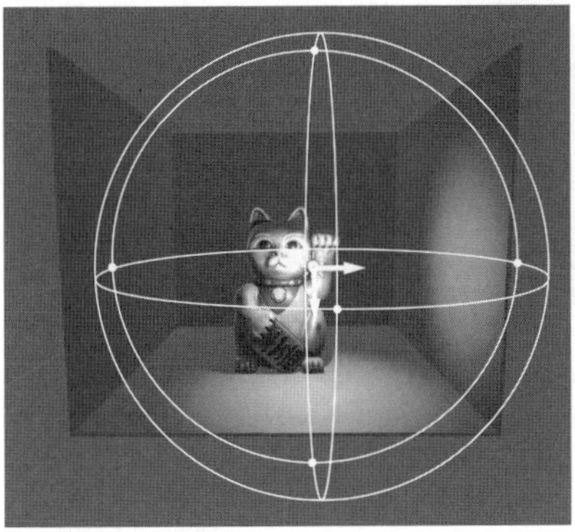

図 3.15　Point ライト例（口絵 13）

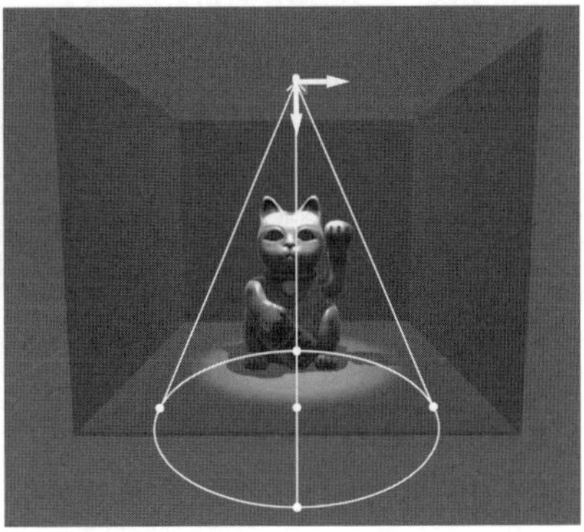

図 3.16　Spot ライト例（口絵 14）

す範囲を減衰率として設定することができる。

3.3.4 Spot ライト

Spot ライトは設定した角度内のみを照らし光源の中心から端に向かって徐々に減衰する光源である。懐中電灯，サーチライトなど人工的な光を表現するのに使用する。Spot ライトは図 **3.16** のように円錐の形状でライトが照らす範囲を減衰率として設定することができる。

3.3.5 Area ライト

Area ライトは円や長方形で形状と大きさを設定し，設定した形状からすべての方向に均等に光を放出し，進むにつれて減衰するライトである。ほかのライトとは異なり形状を持っているため，モデルが落とす影は光が回り込むことで，影本体の周りにぼやけた部分（半影）を表現することができる。Area ライトは図 **3.17** のようにライトの面となる大きさやライトを照らす方向，位置を設定することができる。

図 3.17　Area ライト例（口絵 15）

3.4　グローバルイルミネーション

グローバルイルミネーションとは，光源から直接当たる光だけでなく，光が当たった面からの照り返しなど複雑な照明効果を計算して，空間全体に自然な光を表現するレンダリング手法で，背景のライティングに使用される場合が多い。

グローバルイルミネーションを使用しない場合，**図 3.18**(a)のように光源の当たらない部分は暗くなって，影の部分の詳細がわからなくなる。グローバルイルミネーションを使用した場合，ほかのオブジェクトに当たった照り返しが照明効果となって，図(b)のように光源が直接当たらない影の部分も明るくなる。色の付いたオブジェクトに強い光が当たると，物体の色の光が照り返されて，近くの別のオブジェクトにその色が付いてライティングされる。これを**カラーブリーディング**という。

(a)　グローバルイルミネーションなし　　(b)　グローバルイルミネーションあり

図 3.18　グローバルイルミネーション あり/なしの比較（口絵 16）

グローバルイルミネーションは多くの反射を計算するため，リアルタイムで表現できるプラットフォームは限定される。また通常は静的なオブジェクトに対して適用する場合が多い。リアルタイムでグローバルイルミネーションの表現が難しい場合は**ライトマップ**という手法でグローバルイルミネーションと同等の表現を行うことができる。また，動的なオブジェクトに対してグローバルイルミネーションを行うには**ライトプローブ**を使用する（ライトプローブに関しては 7.2.7 項で解説する）。リアルタイムにグローバルイルミネーションの表現を行うミドルウェアとして Enlighten がある。

3.5 ライトマップ

前述の通り，グローバルイルミネーションは多くの反射を計算するため，リアルタイムで使用できるプラットフォームが限定される。また広大な背景に大量のライトを配置してリアルタイムで処理することにも限界がある。そこで，グローバルイルミネーションやライトを設定した背景データに対して，各オブジェクトの表面の明るさを事前に計算を行い，結果をテクスチャに保存することで，リアルタイムでのライティング計算を省きつつ，複雑なライティングを表現することができる。これを**ライトマップ**という。ライトマップは**図 3.19** のようにゲームエンジンで自動作成することができる。画面左側に灯籠と招き猫がシーンに配置されており，画面右側にあるのが各オブジェクトに当てられているライトの輝度情報のテクスチャになる。

図 3.19　ライトマップデータと適用したシーンの例

ライトマップを行う際にUV座標の設定が大変重要となる。Albedo MapのUV座標で同じ色や柄の部分を重ねて設定する場合があるが，ライトマップでは同じUV座標を共有する部分が同じ光の当たり方をするとは限らないため，同じ色や柄の部分であっても，それぞれが固有のUV座標で設定されている必要がある。また，UV座標間に十分な余白がないと，ライトマップにオーバーラップが発生して不自然なライティング結果となる可能性があるため，UV座標間に十分な余白を残すように注意する。

3.6　頂点への輝度情報のベイク

3DCGゲームの黎明期では光源はシーンに対して一律固定のライト表現しかできなかった。例えば，レースゲームでトンネルに入ったとしても，車のオブジェクトに対する光の当たり方を変化させることができない。そこで，車のモデルデータの頂点にカラー情報を与え，走っているコースの状況に応じてカラー情報を切り替えることによって，光の当たり方の変化を表現する手法が取られていた。

現在では応用的な手法として，頂点への輝度情報の**ベイク**がある。輝度情報のベイクとは事前に計算した情報をテクスチャなどの形式に保存することで，ここでの場合は，レンダリングから得られた頂点に当たるライトの輝度情報を頂点カラーとして保存，使用することでより細かな表現を行うことができる。頂点カラーを使用する手法は，ライティング表現のほかにも部分的な汚れやダメージ，発光などの表現に使用されている。これらの表現手法はリソースの少ないハードで使用される場合が多い。

第 4 章

マテリアル

本章はマテリアルおよびテクスチャについて解説する。PBR の基本的なマテリアルについて解説し，つぎにテクスチャの制作手法について解説する。またゲームグラフィックスで活用されているミップマップ，圧縮テクスチャやマテリアルリソースが潤沢となった現在でも活用されているマスクテクスチャについても解説する。

4.1 マテリアルの種類

多くのゲームエンジンでは現在 **PBR**（physical based rendering）が主流となっている。PBR は光の反射，屈折，散乱，吸収などの現象を物理現象としてモデル化したレンダリングで，Albedo，Metallic，Roughness の三つの主要なパラメータがある。

4.1.1 Albedo（Base Color）

Albedo（アルベド）はオブジェクトの全体的なカラーを設定するもので，物体が受けた光の反射を表す。ツールによっては **Base Color**（ベースカラー）ともいう。Albedo はオブジェクト単位で単一の色を定義するほかに多くの場合は図 **4.1**(a)のような RGB のイメージを Albedo Map としてテクスチャマッピングする。テクスチャマッピングを行うことで図(b)のように一つのオブジェクトに対して複雑な配色を設定することができる。

Albedo Map だけを適用しても，オブジェクトに色の情報だけが加わるだけなので，オブジェクトの反射率や表面がつるつるしているのか，ザラザラして

(a)　Albedo Map　　(b)　Albedo マッピング結果

図 4.1　Albedo マッピングの例

いるのか，細かな凹凸といった詳細を設定するためには以降に説明する Metallic や Smoothness，Normal Map などの各マテリアル設定を表現する質感に合わせて適宜適用する必要がある。

4.1.2　Metallic（Metalness）

Metallic（メタリック）は金属の反射率を表すもので，金属的であるか，金属的でないかを示す。図 **4.2** のように Metallic パラメータが高いほどより金属的になり，Environment ライトで設定した周囲の景色が映り込んで Albedo で設定した色が見えにくくなる。

Metallic はオブジェクト単位でパラメータ値を定義するほかに，図 **4.3**(a)の

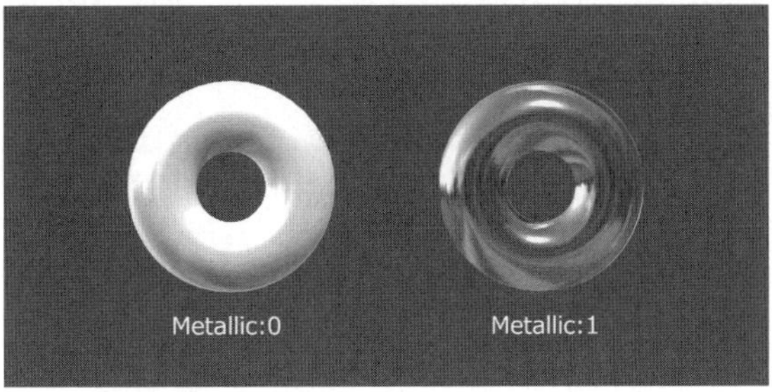

図 4.2　Metallic パラメータの値による違い（口絵 17）

(a)　Metallic Map　　(b)　Metallic マッピング結果

図 4.3　Metallic マッピングの例

ようなグレースケールのイメージを Metallic Map としてテクスチャマッピングすることで，図(b)のように部分的に質感を変化させることができる。図に示した例では，マップデータの輝度が高い（白い）ほど金属的になるが，ツールやエンジンによってイメージの輝度や特定の RGB チャンネルなど扱い方が異なる。

4.1.3　Smoothness（Roughness）

Smoothness（スムースネス）はオブジェクトの表面の滑らかさを表す。ツールによっては表面の粗さ（**Roughness**）として定義する場合もある。ここで定義する滑らかさは目に見えない非常に微細な凸凹であり，反射の拡散具合を表現する。目に見える表面の凹凸は Normal Map（4.1.5 項で解説）や Height Map（4.1.6 項で解説）で表現する。**図 4.4** のように Smoothness パラメータが高いほど周りの映り込みやハイライトが明瞭になり，低いほど周りの映り込みやハイライトが不明瞭になる。

Smoothness はオブジェクト単位でパラメータ値を定義するほかに，**図 4.5**(a)のようなグレースケールのイメージを Smoothness Map としてテクスチャマッピングすることで，図(b)のようにオブジェクトの部分によって滑らかさを変化させることができる。例では，マップデータの輝度が高い（白い）ほど

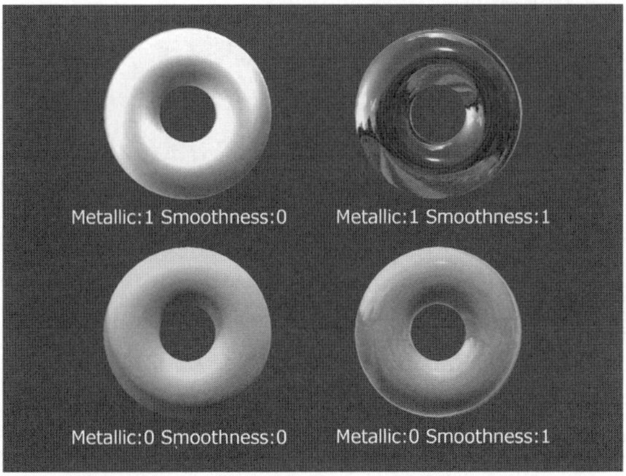

図 4.4　Smoothness パラメータの値による違い（口絵 18）

（a）　Smoothness Map　　（b）　Smoothness マッピング結果

図 4.5　Smoothness マッピングの例

表面が滑らかになるが，ツールやエンジンによってイメージの輝度や特定のRGB チャンネルなど扱いが異なる。

4.1.4　Transparency

Transparency（トランスペアレンシ）はオブジェクトの透明度を定義するマテリアルである。図 **4.6** のようにパラメータの値が高くなるほどオブジェクトは不透明になる。Transparency はオブジェクト単位でパラメータ値を定義

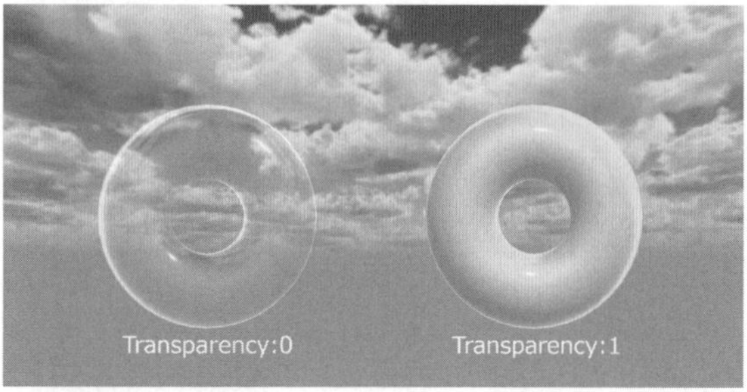

図 4.6　Transparency パラメータの値による違い（口絵 19）

するほかに，図 **4.7** のようにグレースケールのイメージを Transparency Map としてテクスチャマッピングすることで，オブジェクトの部分によって透明度を変化させることができる。ゲームエンジンでは Albedo Map の**アルファチャンネル**で定義することが多い。アルファチャンネルとはテクスチャデータの色情報である RGB チャンネルに加えて，透明度を定義するチャンネルで，**A チャンネル**ともいう。輝度が高い（白い）部分ほど不透明であることを表す。アルファチャンネルは TIFF や PNG などのイメージフォーマットで使用することができる。

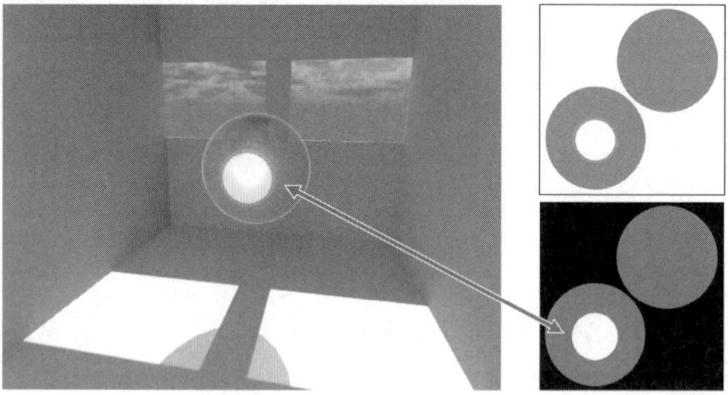

図 4.7　Transparency マッピングの例

4.1.5　Normal Map

Normal Map（ノーマルマップ）は図 **4.8**(a)のような法線の方向を RGB で表したイメージを使用してオブジェクトの法線を変更することで，表面の凹凸

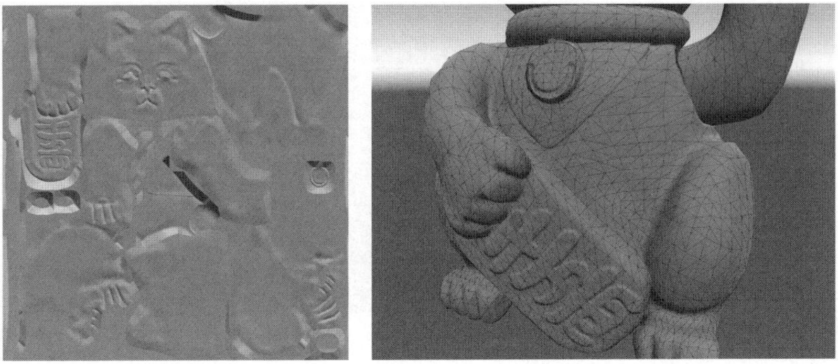

(a)　Normal Map　　(b)　Normal マッピング結果

図 4.8　Normal マッピングの例

を表現する。例えば，「千万両」と描かれている部分が図(b) ではポリゴンが文字の形状に分割されていないにもかかわらず，凹凸として表現されていることがわかる。Normal Map を手描きで直接作成することは難しい。グレースケールで高低差を表したイメージを基に専用ツールで変換する。スカルプトツールでオブジェクトの表面にディティールを作成した場合はデータ出力時に Normal Map として出力される。

4.1.6　Height Map

Height Map（ハイトマップ）は Normal Map と併用することでより複雑なオブジェクトの凹凸を表現することができる。Height Map はマテリアルの高低を**図 4.9**(a)のようなグレースケールで表したものである。Normal Map のみ設定したオブジェクトの表面は光源の照らされ方で凹凸が表現されるが，例えば，視点から手前にある凹凸が奥にある凹凸を遮るような見え方（**オクルージョン**）が表現されない。Height Map を併用すると，図(b)のようにマップの輝度と視点に応じてテクスチャを動かすことで視差が生まれ，手前の凸部で奥の領域が隠れるオクルージョンが表現される。Height Map は小さなディティールでは効果が見えにくい場合もあるため，見た目の効果と見える頻度を基に使用する/使用しないを検討する必要がある。

（a）　Height Map　　　　（b）　Height Map あり / なし比較

図 4.9　Height マッピングの例

4.1.7 Emission

カメラの視野にライトをレイアウトしても発光しているライト自体は描画されない。**Emission**（エミッション）はオブジェクトの表面から放出するライトの色と強さを制御するマテリアルである。発光体を表現する場合は発光体にしたいオブジェクトに対して Emission を設定する。Emission を設定したオブジェクトは図 **4.10**(a)のようにライトやステージの明るさに関係なく内側からライトが照らされたかのように明るくレンダリングされる。

Emission はオブジェクト単位でパラメータ値を定義するほかに，図(b)のようなグレースケールのイメージを Emission Map としてテクスチャマッピング

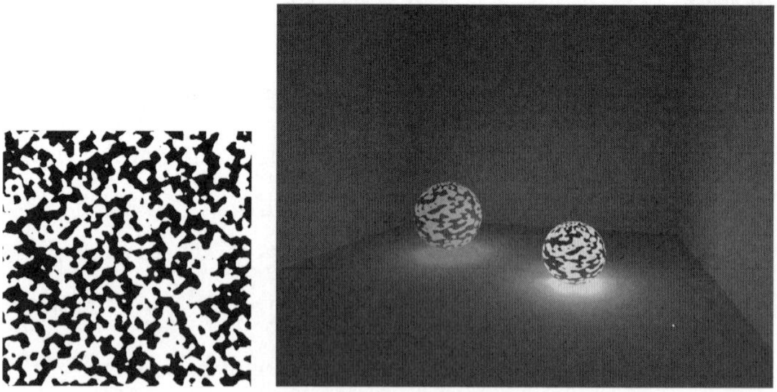

（a）　Emission Map　　　　（b）　Emission マテリアルの例

図 4.10　Emission マッピングの例

することで，オブジェクトの部分によって発光の強さを変化させることができる。図 4.10 では，マップデータの輝度が高い（白い）ほど発光が強くなるが，ツールやエンジンによってイメージの輝度や特定の RGB チャンネルなど扱いが異なる。

4.1.8 Reflection

背景やプロップを配置したステージに Metallic と Smoothness の値が大きい，つまり反射率の高いオブジェクトを配置しても，**図 4.11**(a)のようにシーンに配置したほかのオブジェクトは映り込まない。これは反射させるオブジェクトと同じ位置から周りの風景を全周レンダリングしたイメージを映り込みのテクスチャとして使用することで図(b)のように表現することができる。

（a） Reflection Prove なし

（b） Reflection Prove あり

（c） Reflection Prove の設定

図 4.11 Reflection Prove あり/なしの比較と設定の様子
（(a),(b)口絵 20）

このような手法を **Reflection Prove**（リフレクションプローブ），あるいは **Reflection Capture**（リフレクションキャプチャ）という。これは図(c)のような box や球の形状で表された範囲に入ったオブジェクトに対して映り込みのテクスチャを適用する。範囲外にオブジェクトが配置，移動した場合は反射のテクスチャは適用されなくなる。

リフレクションプローブをステージ上に複数配置することで移動するオブジェクトにその場所に適した反射を表現することができる。複数のリフレクションプローブにまたがる場合は二つのテクスチャを適宜ブレンドしたものが適用される。

4.2 テクスチャの制作手法

マテリアルごとにテクスチャデータを適用することで，細かな表現を設定することができる。例えば，塗装されたスチール缶のマテリアルを作成する場合，塗装されている部分と地の金属部分ではマテリアルの設定は異なるし，一つのパーツの中にも部分的にサビが出ている部分，塗装が剥げている部分など状態は異なる。こうした複雑な質感を効率的に表現するためにテクスチャを使用する。テクスチャはイメージデータであり，マテリアルのタイプ，使用するゲームエンジンによって RGBA 四つのチャンネルの使用方法が異なる。一般的に Albedo はカラー情報なので，RGB 三つのチャンネルを使用し，**アルファチャンネル**（**A チャンネル**）を Transparency（透明度）として割り当てることが多い。Metallic，Roughness はそれぞれのパラメータの値を表すため，白黒の輝度あるいは RGBA いずれかの 1 チャンネルを割り当てる。どのチャンネルに割り当てられ，チャンネルの輝度によって質感がどのように変化するかはゲームエンジンによって異なる。

4.2.1 ペイントツールでの作成

テクスチャの作成はビットマップデータを扱うペイント系ツールが使用され

る。テクスチャを作成する前にマッピングするオブジェクトにUV座標を設定しておく。UV座標にどのようにオブジェクトの頂点，ポリゴン面が配置されているのか，ガイドのイメージを出力しておく。ペイントツールにガイドのイメージを読み込んでテクスチャを作成する。

テクスチャの作成は通常のペイントツールでも可能だが，Metallic MapやRoughness Mapに描くイメージはマテリアルのパラメータ値をグレースケールで表したものであり，Albedo，Metallic，Roughness，Normal，Height，Emissionの各マップが相互に影響することで質感が決定されるため，テクスチャのイメージを見ただけでは最終的な質感を想像するのは難しい。Substance Painter（図**4.12**）などの**PBRテクスチャ**（physically based rendering，物理ベースレンダリングのためのテクスチャ）を作成するための専用ツールはマテリアルの質感をプレビューしながら，すべてのテクスチャを一元的に管理，作成することができる。また，マッピングするオブジェクトをツールに読み込んで直接ペイントできるので，直感的にテクスチャのつなぎ目を調整することができる。

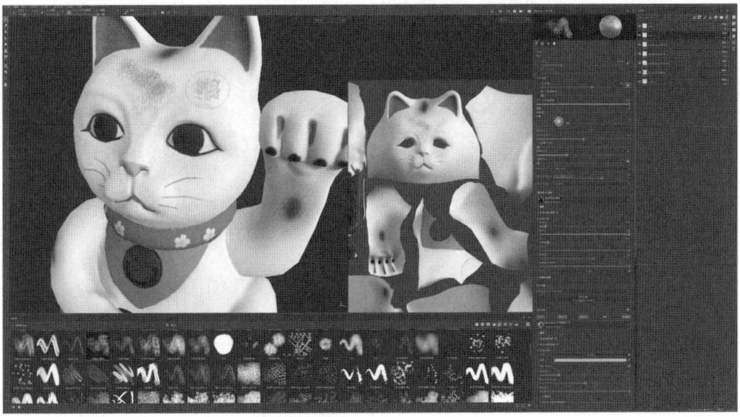

図4.12　Substance Painter

4.2.2　写真からのテクスチャ作成

写真を素材としてテクスチャデータを作成する手法は3DCGゲームのハー

ドウェアでテクスチャマッピングが可能になった黎明期から活用されている。初期のハードウェアではカラー情報だけしかマッピングすることしかできなかったため，撮影した写真から必要な部分を切り出し，影やハイライト，発光部分を描き足すなどの加工を行うことで，少ないポリゴンオブジェクトにディティールを加えていた。

現在のハードウェアでは各マテリアル要素に対して個別にテクスチャを適用することができるようになったため，テクスチャ作成の考え方が変わってきている。特にカラー情報を定義する Albedo に関しては作成に際して注意しなければならない点がある。Albedo はカラー情報を定義するテクスチャではあるが正確には図 **4.13**(a)のような写真から影とハイライトを除去した図(b)のような画像であり，光源の影響を受けていない色のみの状態であることが望ましい。陰影のある写真素材を使用するとライトの向きとは関係ない陰影が発生して不自然な表現になる。

(a)　元の画像　　(b)　Albedo のみの画像

図 4.13　写真から Albedo 素材を抽出した例（口絵 21）

陰影のある写真をテクスチャ素材に使用する場合は Substance 3D sampler などの編集ツールでイメージから不要な照明を消去することができるが，テクスチャ素材を撮影する際には，なるべく陰影を少なくするよう注意する。理想的な写真素材をアーティスト自ら撮影して得るためには，カメラのレンズ特性や絞り，シャッタースピード，被写界深度，ライティング等カメラに関する知識が必要となる。

4.2.3　プロシージャルテクスチャツール

PBR テクスチャの作成環境として Substance Designer（**図 4.14**）や Unity Art Engine などプロシージャルな手法でテクスチャを作成するツールが登場した。幾何学模様やノイズイメージなどを基にさまざまな加工を施してテクスチャを作成する。処理はノードをつないで行われ，各処理をパラメータで変更できるようにすることで，テクスチャのバリエーションの作成や質感をアニメーションさせることができる。また，Albedo だけでなく Metallic や Smoothness のマップも同時に作成することができる。

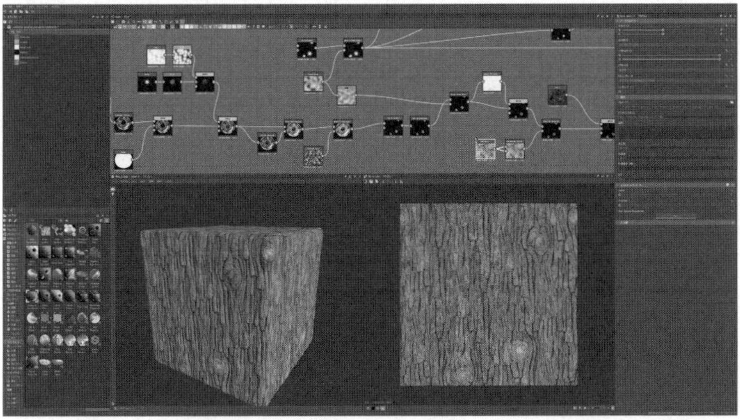

図 4.14　Substance Designer の画面

4.3　メモリを効率的に使用する手法

リアルタイム CG ではテクスチャデータをメモリに読み込む必要があるため，使用できる容量が決められている。以下の手法は限られたテクスチャ容量を効率良く使用するために確立された手法である。ゲームエンジンが使用される現在ではテクスチャをインポートすると自動的に処理されて設定されるものもあるが，ゲームエンジンに頼らずにアーティスト自らが意図的にコントロールする場合もあるので，各手法の原理を理解しておくとよい。

4.3.1 圧縮テクスチャ

圧縮テクスチャはフルカラーのイメージを圧縮することでデータ量を減らして，処理負荷の軽減やビデオメモリの使用効率を上げることができる。PNG や JPEG ファイルでもファイルサイズは小さくなるが，これらのフォーマットはメモリに読み込まれる際に元のサイズに展開されるのに対して，圧縮テクスチャはそのままのサイズでメモリに読み込まれるため，ビデオメモリの使用効率を上げるという点では圧縮テクスチャを使用するほうが適している。

しかし，圧縮テクスチャは PNG や JPEG フォーマットと同様に圧縮の設定やイメージの内容によってブロックノイズが発生する場合がある（図 **4.15**）。ブロックノイズは輪郭線がはっきり分かれた手描きのようなテクスチャで特に発生しやすいので注意が必要である。

(a)　元の画像

(b)　圧 縮 後

図 4.15　圧縮テクスチャの例（口絵 22）

テクスチャを制作する工程では JPEG 等のブロックノイズが発生する恐れのある非可逆圧縮フォーマットの使用は避けて，TIFF などの非圧縮または可逆圧縮（ロスレス）のフォーマットで制作する。圧縮テクスチャへの変換は OPTPiX 等の専用ツールを使用して圧縮されたときのプレビューを確認しながら適切な圧縮設定をテクスチャごとに行う必要がある。

(a)　512 × 512 サイズ

(b)　マッピング結果

(c)　128 × 128 サイズ

(d)　マッピング結果

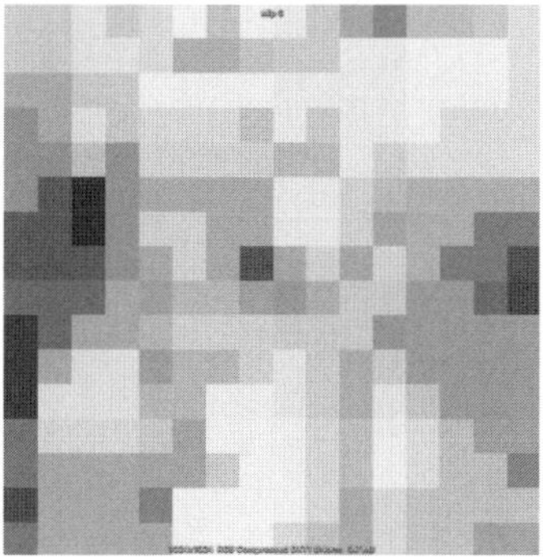

(e)　32 × 32 サイズ

(f)　マッピング結果

図 4.16　ミップマップの例

4.3.2 ミップマップ

ミップマップはカメラとオブジェクトの距離によってテクスチャの解像度を切り替える手法である。この手法は小さく表示されたオブジェクトに大きなテクスチャをマッピングしたときに発生するモアレやジャギーを抑える効果もある。解像度を元のサイズを基準に 1/2，1/4，1/8 という比率で用意して，これらを一つのマップにまとめたものをミップマップという。ミップマップの作成は OPTPiX 等の専用ツールやゲームエンジンで自動的に処理される (図 **4.16**)。

4.3.3 マスクテクスチャ

テクスチャの RGB チャンネルを個別のマスクとして使用することで，少ないテクスチャでバリエーションを表現することができる。これを**マスクテクスチャ**という。例えば，ベースのテクスチャに加えてダメージや汚れ等の表現を加える場合，マスク用テクスチャを RBG 各チャンネルで異なるダメージや汚れを描いておく。これを汚れのテクスチャと RGB チャンネルを個別にマスクとして組み合わせることで，3 パターンの表現とそれらを組み合わせたバリエーションを表現することができる。この手法はテクスチャのマスクとして使用するほかにチャンネルごとに異なるシェーダーを適用する目的にも使用される。

第 5 章

アニメーション

本章はビデオゲームのアニメーション全般に関して解説する。まず手描きアニメーションの理論について解説する。ビデオゲームのアニメーションでも長い年月に培われた手描きアニメーションの理論は多くの点で応用することができる。つぎにビデオゲームではどのような要素をコントロールしてアニメーションが表現されているのかを解説し，複雑なアニメーションを作成する上で必須となる RIG（リグ）とアニメーションの制作手法，編集手法について解説する。ビデオゲームでアニメーション表現されるものは多様であり，本章の解説を踏まえた上で 10 章 カットシーン制作，11 章 エフェクト制作でもカットシーンとエフェクトに特化した手法や技術について解説する。

5.1　手描きアニメーションの理論

複数の静止画を次々と見せられたとき，もともと存在しなかった動きが見える現象を**仮現運動**という。この人間の視覚特性を応用した表現がアニメーションである。ビデオゲームが誕生する以前にアニメーションという表現手法は確立されている。ビデオゲームのアニメーションも含め，CG アニメーションはキーフレームを配置していくポーズトゥポーズの手法が基本であるが，動きの初めから順番に描いていくストレートアヘッドの手描きアニメーションの手法に基づいた理論は動きを表現するという点は共通であり，ビデオゲームのアニメーション表現においても多くの点を応用することができる。

5.1.1 コントラスト

アニメーション表現においてコントラスト（contrast）を付けることは，動きに緩急を付けることといってもよい。例えば，早い動きだからといって，つねに目まぐるしく動いていたのでは，どのような動作をしているのか不明確になってしまい，印象のない動きになってしまう。表現する動作のキーとなるポーズや操作のポイントとなるポーズはしっかり見せつつ，素早く動かす部分は素早く，そして激しく動いた後には落ち着く動作を織り込むなど一連の動きの中にコントラストがあるように心掛ける。

5.1.2 スローイン・スローアウト

ポーズとポーズの間を均等に補完するとコントラストの弱い動きになってしまう。動きの中にコントラストを感じさせる上で，**スローイン・スローアウト**を心掛ける。図 **5.1** のようにアクションの開始時はゆっくりと動き始め，終了時は動きが減速して止まる。一連のアクションの中でポーズを見せる場合も同様である。これは基本的な考え方であって，すべての動きにこの考え方を当てはめる必要はない。

図 5.1　スローイン・スローアウトの例

例えば，大剣を振るアクションに対してゲームシステムの都合で素早いレスポンスを得るためにスローイン・スローアウトがない，極端な動きになる場合がある。こうした場合は 5.1.9 項で解説するフォロースルーを加えることで，大剣の重量感を感じさせる動きを表現することができる。

5.1.3　誇　張　表　現

どんなに写実的なビジュアル表現であっても，ゲームのビジュアル表現は現実より目で見て感じる情報量は少なくなっている。伝えたい内容をより強く動きで表現するために，現実では考えられないようなオーバーな動きで表現する場合もある。また，誇張表現はゲームキャラクターの個性や現在の状態を明確に知らせるという点でも必要になる。例えば，ゲームシステムでキャラクターの体力を復活させた場合，エフェクトにキャラクターのリアクションの動きを加えて状態が更新されたことを知らせるという表現を取る場合がある。単に立っている待機状態であっても，固定のポーズではなく，肩を上下に動かす，微妙に重心を移動させるなどの動きでループさせるのも，小さな動きではあるが，現実の動きには見られない誇張表現の一つといえる。

5.1.4　予　備　動　作

キャラクターが何か動作する前には必ず**予備動作**がある。例えば，**図 5.2** のようにパンチをする前には腕を後に引く動作が入る。ジャンプをするためにはいったん重心をかがめて飛び上がるための力を蓄える。現実では動作を行うためのエネルギーを得るために予備動作が入るが，ゲームでは動きに説得力を持たせるのと同時にプレイヤーにこれからキャラクターが行う動作を予測させる役割を果たす。

(a)　(b)　(c)

図 5.2　パンチの予備動作の例

基本的にはこれから動作する方向とは反対方向に全身や体の一部を動かすが，ゲームの内容によってはあまり大げさに動いてフレーム数を多く使用すると，直感的な操作感を妨げる原因になる場合もある。どのくらいの予備動作が適切なのかは，ゲームシステムにアニメーションを実装し，実際に操作を行って，アニメーションがゲームの中で果たす役割を認識しながら判断しなければならない。

5.1.5 伸　　　縮

伸縮は予備動作と似ているが，キャラクターやオブジェクトを動作の中で伸縮させて動きを誇張する手法である。キャラクターやオブジェクトの体積を維持するために，例えば，図 **5.3** のように垂直方向に伸ばした場合は水平方向をつぶす必要がある。

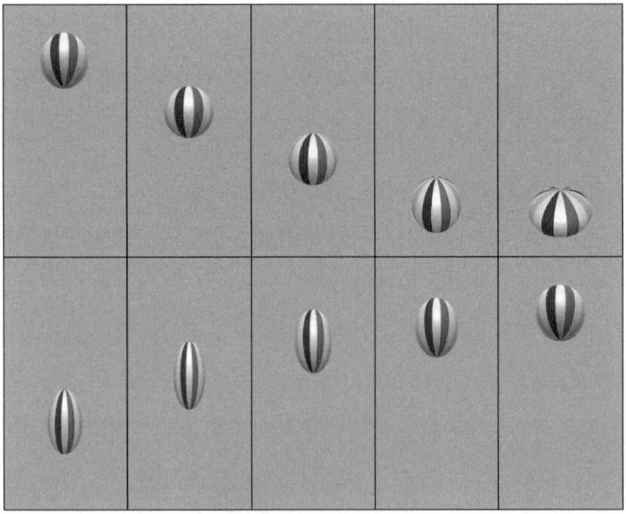

図 5.3　伸縮の例

ゲームのアニメーションではメモリの節約のために必要とする場合を除いてボーンのスケーリングを行わない場合が多いが，実際にモデルが伸縮しなくても，四肢を大きく広げる（伸びる），小さく畳む（縮む）という動作を強調することで伸縮の機能を果たすことができる。

5.1.6 ヒップファースト

ヒップファーストとはすべての動作は腰が最初に動くことである。後述するオーバーラップ，フォロースルーにも関連するが，腰から始まる動きは体幹に伝わり，四肢へと順に伝わってゆく。また腰によって重心が決まるので位置も重要である。

5.1.7 アーク（弧）

例えば，ボールが弾む動きは図**5.4**のように放物線を描くように動く。ボールに限らず，キャラクターの動きも部分的に観察すると**弧**を描くアクションパス（動きの軌跡）を描いて動いている。作成したアニメーションをプレビューして不自然に見える部分は，本来のアクションパスから外れた動きになっている場合があるので修正する。

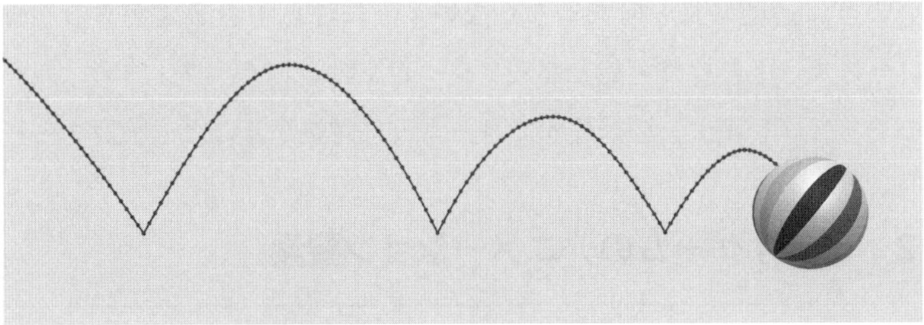

図5.4 ボールが弧を描いて動く例

5.1.8 オーバーラップ

キャラクターがあるポーズから別のポーズに動くとき，各部位が同時に動くことはない。**オーバーラップ**とは元となる動きに連動してついてくる部分で動きやタイミングにズレが生じることである。前述のヒップファーストで述べた通り，キャラクターの場合，まず腰から動き始めるが，続いて体幹を通じて四肢の末端へと順次動かしていく。これは人型に限ったことではなく，どのような階層構造，形状であっても，重心となる部位から動きは始まり，階層構造の末端へと順次動かすようにする。また手足の動きは左右同時に始まるのも不自然な動きの原因となるのでタイミングをずらすように心掛ける。ただし，手や足を引っ張られるなどの外的な力がキャラクターに影響する場合は，動きの伝搬は影響を受けた箇所からほかの間接の末端に向かって順次動くことになる。

5.1.9 フォロースルー

キャラクターが動作を止めるとき，急に動きがピタっと止まることはない。**フォロースルー**はアクションの後に追従する動きである。例えば，歩行している状態から止まる場合，足が止まった後でも歩行移動の慣性で少し腰が前に移動した後に戻るような動きが入る。髪の毛や身につけている小物類はキャラクターのアクションが終わっても動きはすぐに止まらない。フォロースルーを加えることで説得力のあるキャラクターの動きを表現することができるが，フォロースルーの間はプレイヤーの操作ができない間でもあるので，プレイに支障がないように過度に長い時間にならないように注意する必要がある。また，フォロースルー中に操作可能となるフレームを設定して，フォロースルーが終了しなくてもプレイヤーの操作ができるように対処することも検討する。

5.2 ビデオゲームのアニメーション要素

以下にビデオゲームにおけるおもなアニメーション要素を説明する。これらのアニメーションは総合型 3DCG ツールあるいは直接ゲームエンジンで作成する。位置・回転・スケールやブレンドシェイプ，スケルトンアニメーションは FBX データフォーマットを介して総合型 3DCG ツールとゲームエンジン間で互換性があるため，総合型 3DCG ツールでアニメーションを作成することができる。総合型 3DCG ツールから出力したアニメーションデータは各オブジェクトのどのパラメータであるのか明示されている。例えば，「OBJ_A」というオブジェクトの移動アニメーションの場合，OBJ_A/tx，OBJ_A/ty，OBJ_A/tz というようにデータがまとめられている。「OBJ_A」の子階層にある「OBJ_B」のアニメーションは OBJ_A/OBJ_B/tx というように，階層構造を踏まえた形でデータがまとめられる。そのためアニメーションデータは統合型 3DCG ツール上と同じオブジェクト名，同じ階層構造でなければ，アニメーションを再現することができない。ゲームエンジン上でオブジェクト名や層構造を変更する場合はアニメーションデータも変更が必要になることを留意しておく必要がある。

ゲームエンジン上でしかサポートされていない機能やパラメータはゲームエンジンでしかアニメーションを作成することができない。例えば，Maya のパーティクルと Unity のパーティクルは用意されているパラメータの構成が異なるため，出力したアニメーションデータを使って Maya のパーティクルの挙動を Unity で再現することはできない。

5.2.1　位置，回転，スケールによるアニメーション

オブジェクトの位置，回転，スケールの三つのパラメータで動きを表現することは最も基本的なアニメーションである。各パラメータは X, Y, Z の三つの軸に対して個別に数値を設定してオブジェクトの動きを表現する。例えば，**図 5.5** のような太陽の子階層として地球を設定して，さらに地球の子階層に月を設定した階層構造のシーンでは，月単体では作成が難しいアニメーションを二つの軸の回転だけで表現することができる。階層構造を組み合わせる手法はキャラクターの関節構造にも使用される。

図 5.5　階層構造と回転を組み合わせた例

オブジェクトの位置，回転，スケールの各パラメータは総合型 3DCG ツールとゲームエンジンの間で互換性がある。しかし，ツールによってパラメータの 1 を 1 mm として扱うか，1 m として扱うかといった単位の扱いが異なる場合があるので，総合型 3DCG ツールでアニメーションを作成して，ゲームエンジンにインポートする際には単位の扱いに注意が必要である。

5.2.2　形状を変化させるアニメーション

5.2.1 項で説明した位置，回転，スケールによるアニメーションはオブジェクト単位での動きしか表現することができない。キャラクターなど有機的に形状自体が変形するアニメーションを表現するには，ブレンドシェイプやスキン変形を使用する。

ブレンドシェイプは同一のトポロジーを持つ複数の形状を用意して，それらの形状をブレンドする割合を変えることで形状変化を表現するアニメーションである。例えば，**図 5.6** のようにトーラス形状のオブジェクトを変形させて Terget 1 と Terget 2 のオブジェクトを作成して，ブレンドシェイプのキーオブジェクトに設定する。二つのキーオブジェクトのブレンド値を 0 ～ 1 の範囲で設定することによって，オリジナルのトーラス型のオブジェクトが変形するア

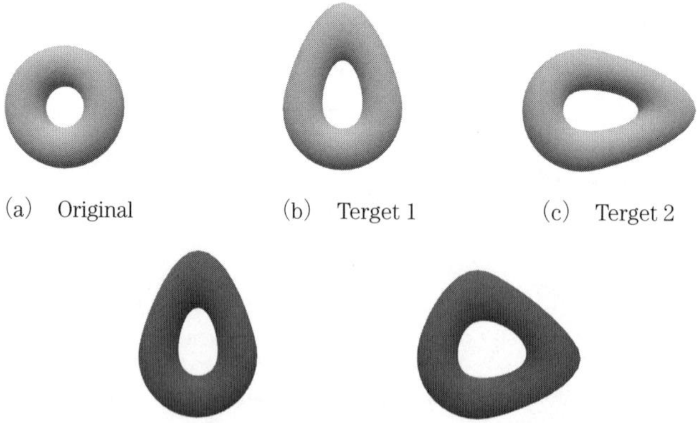

(a)　Original　(b)　Terget 1　(c)　Terget 2

(d)　Terget 1 : 1.00
Terget 2 : 0.00　(e)　Terget 1 : 0.60
Terget 2 : 0.80

図 5.6　ブレンドシェイプの例

ニメーションを表現することができる。ブレンドシェイプはキャラクターのフェイシャルアニメーションで使用されることが多い。

ブレンドシェイプはキーオブジェクトの同じ頂点番号を持った頂点の位置を直線で補完するので，キーオブジェクト間で形状がねじれているような表現はできない。オブジェクトに対してどのような変形をさせるのか留意する必要がある。

スキン変形はモデルに対してボーンを配置して関節に見立てたスケルトン構造を作成し，モデルの各点に対するボーンの影響率（**スキンウェイト**）を設定する（これを**スキニング**という）。**図 5.7** のようにボーンを回転させると影響率を持った点が動くことでモデルが変形する。スキン変形はキャラクターモデルの骨格に模したスケルトン階層を作成してキャラクターの動きを作成することに使用されることが多い。各ボーンの回転値でキャラクターのポーズがコントロールされ，最上位に位置する親ボーンにはキャラクターの移動値が含まれる。スケルトン名と回転値はペアとなっているため，同じスケルトン名と階層構造で構成されたスケルトンでなければアニメーションを再現することはできない。

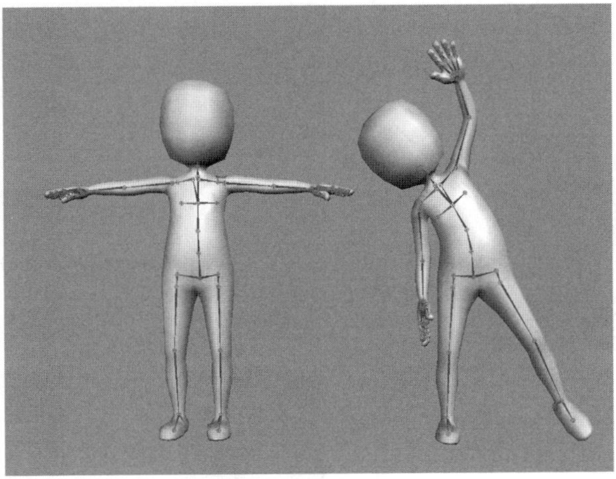

図 5.7 スキン変形の例

5.2.3 テクスチャのアニメーション

テクスチャのアニメーションはパラパラアニメのように複数のイメージを切り替える，あるいはUV座標を変化させてテクスチャをスクロールすることで表現する。

前者は**テクスチャアニメーション**と呼ばれる手法である。テクスチャのUV座標はイメージの左下を0,0，右上を1,1として表したもので，通常1枚のテクスチャの範囲をすべて使用する場合が多い。この範囲設定に関して総合型3DCGツールやゲームエンジンではUV scale等の名称の表示範囲を定義するパラメータで1以下のスケールを与えることで，テクスチャの一部分のみをマッピングすることができる。またOffset等の名称の表示範囲の位置を定義するパラメータでマッピングするテクスチャの位置を変えることができる。これらのパラメータを組み合わせて，例えば，**図5.8**のように16パターンのテクスチャを格子状に並べて1枚にまとめたテクスチャの場合，縦横4枚のテクスチャが並べられているので，UV scaleを0.25, 0.25（1/4の範囲）に設定すると，元の1枚分のテクスチャをマッピングする範囲になる。さらにOffsetで適宜

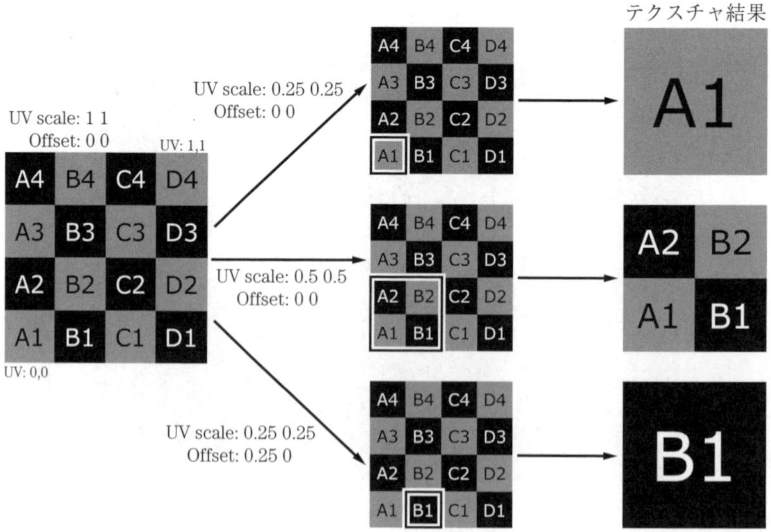

図5.8 テクスチャアニメーションの例

マッピングする範囲を切り替えることによってテクスチャをアニメーションすることができる。この手法は炎や煙などエフェクトの手法としてよく使用される。また，キャラクターの顔のテクスチャを平常時の顔や怒った顔，笑った顔など用意してキャラクターの表情変えに使用される場合もある。近年では表現技術の進化によって，Normal Map をアニメーションさせて表情の変化によって生じる皺の表現や，Metallic Map や Smoothness Map など複合的にテクスチャをアニメーションさせることで，例えば，つるつるの鏡面の質感からザラザラの傷のある質感へと変化するといったアニメーションを表現する場合にも活用されている。

後者は **UV スクロール**と呼ばれる手法で，上下左右に継ぎ目のないテクスチャに対して図 **5.9** のように，前述した Offset 等の名称のパラメータをアニメーションすることでテクスチャを任意の方向にスクロールさせる表現である。マッピングするテクスチャをフレームごとに差し替えることによりさらに複雑なアニメーションを表現することができる。これらの手法はオーロラやゴッドレイ（放射状の光の筋）等の表現に使用されることが多い。

(a) Offset: 0 0　(b) Offset: 0 −0.25　(c) Offset: 0 −0.5　(d) Offset: 0 −0.75

図 5.9 UV スクロールの例

5.2.4 カメラのアニメーション

CG のカメラには大きさ，重さがなく，映り込むことはない。1 フレームでまったく別の場所に移動させることで，1 台のカメラでカメラスイッチングしているような映像表現ができたり，後述する RIG（リグ）を設定することで，キャラクターの動きに追従させたり，複雑なステージの中をオブジェクトにぶつかることなく高速に移動するなど，実写のカメラよりも自由度が高い。

ゲーム中のカメラはプレイヤー自らプレイしやすいように調整するあるいはゲームシステムによって自動で操作されるが，カットシーンでは映像表現として情報が意図した通りにプレイヤーに伝わるようカメラをコントロールする。そのためには映像表現の理論に基づいたカメラワークやカットワークを行う必要がある。詳細については10章 カットシーン制作の章で解説する。

5.2.5　ライトのアニメーション

ライトは位置と向き，カラーなどの光源のパラメータをアニメーションすることができる。位置と向きは総合型3DCGツールで作成したアニメーションデータをインポートすることができるが，光源のパラメータはゲームエンジンで制御しなければならない。ライトをアニメーションすることで，朝や昼，夜などの時間の経過や影を使った演出が可能になる。

5.3　RIG（リグ）

キャラクターや複雑な動く構造を持った機械や乗り物などのアニメーションを作成する際に，オブジェクトやスケルトンなど複数のアニメーション箇所を連動させて，効率的かつ直感的にコントロールする仕組みを**RIG**（リグ）という。

RIGは**IK**（**インバースキネマティクス**，5.3.4項で解説）や**コンストレイン**（5.3.3項で解説），**スクリプト**などの知識を持ったアニメーターやキャラクターモデラーが構築する場合とRIGだけを専門に構築するrigger（リガー），rigging artist（リギングアーティスト）といった役割で分担されている場合がある。

以下にRIGを構成する機能・仕組みを説明する。RIGは2足歩行の人型や4足歩行の動物，複数のパーツが連動して動く機械，複雑な動きの制御を行うカメラなど目的や要件に合わせて，これらの機能を組み合わせて仕組みを構築する。

5.3.1　階層構造による制御

複数の階層を持たせることで単体では複雑になるアニメーションをシンプルに制御することができる。例えば，図 **5.10**(a)のシーンのようにオブジェクトCを中心に360°回り込むカメラワークを作成する場合，カメラ単体でアニメーションを作成しようとすると，カメラのY回転（カメラをオブジェクトAに向けるコントロール）を制御すると同時にオブジェクトCを回り込むようにX, Z座標の位置を適宜コントロールしなければならないが，図(c)のように階層構造を構築して，図(b)のようにObject_Aの階層でY軸回転を制御し，Object_Bの階層で回り込む中心軸からのカメラの位置と向きを設定することで，Object_AのY軸回転をコントロールするだけでオブジェクトCを中心に回り込むカメラのアニメーションを作成することができる。

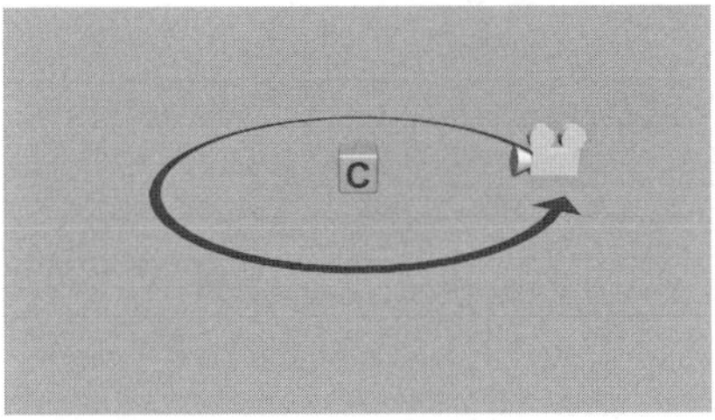

(a)　カメラ単体で動かす状態

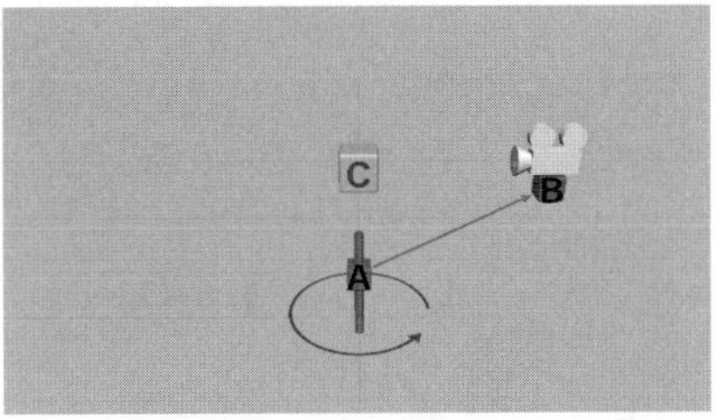

(b)　カメラに階層構造を持たせた状態

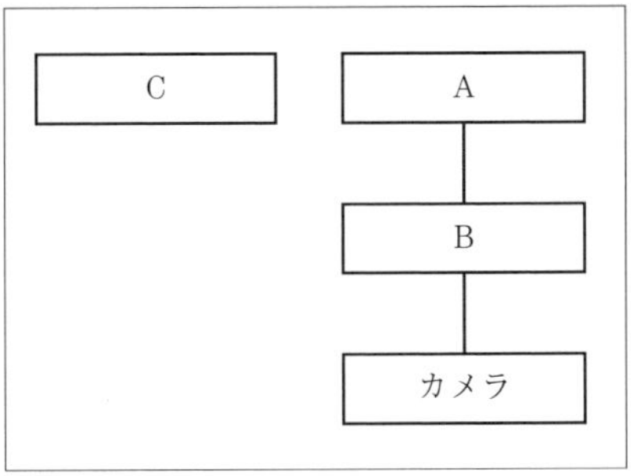

(c)　カメラの階層構造

図 5.10　階層構造による制御の例

5.3.2 パスアニメーション

パスアニメーションはパス（ラインオブジェクト）によって動きを制御するアニメーションである。パスと関連付けされたオブジェクトやカメラは図**5.11**のようにパスライン上のみに移動が制限される。位置はパスの開始点から終了点までの間を0〜100%で定義するパラメータで制御される。また，スケルトンに適用して，背骨の曲がり具合やホース状のオブジェクトのアニメーション制御に使用する場合もある。

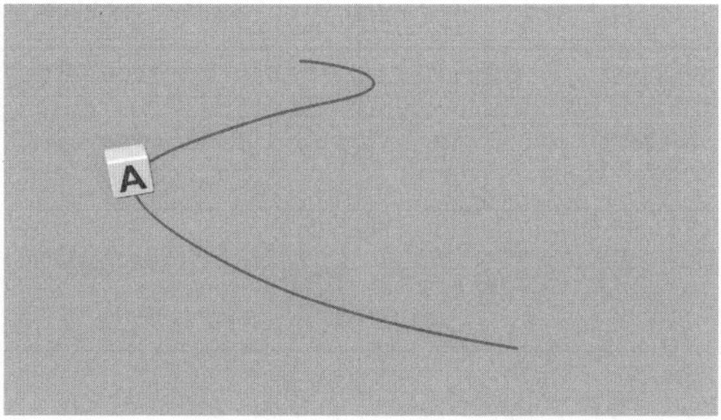

図5.11　パスアニメーションの例

5.3.3 コンストレイン

コンストレインはオブジェクトやライト，カメラの位置や回転，スケールをほかのオブジェクトを使ってコントロールする機能である。階層構造の親子関係と類似している点があるが，コンストレインによるコントロールは，階層構造の親の挙動に関係なくコントロールできることと，コントロールするオブジェクトを複数設定できることが異なる。例えば，図**5.12**(a)のようにオブジェクトAの位置をコンストレインするオブジェクトとして，オブジェクトB1とB2を設定した場合，オブジェクトAは図(b)のように，つねにオブジェクトB1とオブジェクトB2の中間の位置に配置される。

コンストレインは**ウェイト**というパラメータでコンストレインする対象に対する影響度を設定することができる。おもなコンストレインの種類として以下のような制御がある。

(a)　オブジェクト A をオブジェクト B1 と B2 にコンストレインした状態

(b)　オブジェクト B1，B2 の位置を変えても A はつねに中間に位置する

図 5.12　コンストレインの例

〔**1**〕 **Aim**（**Look At**）　コンストレインされる対象をコンストレインするオブジェクトを向くように回転させる。キャラクターの顔の向きやカメラを特定のオブジェクトにつねに向ける場合などに使用する。

〔**2**〕 **Parent**　コンストレインされる対象をコンストレインするオブジェクトに連動させて移動，回転させる。

〔**3**〕 **Position**　コンストレインされる対象をコンストレインするオブジェクトに連動させて移動させる。

〔**4**〕 **Rotation**　コンストレインされる対象をコンストレインするオブジェクトに連動させて回転させる。

〔**5**〕 **Scale**　コンストレインされる対象をコンストレインするオブジェクトに連動させてスケールさせる。

5.3.4　IK（インバースキネマティクス）

スキン変形のためのスケルトン構造は作成した階層構造のままだとアニメーションをコントロールしにくい場合がある。例えば，キャラクターがドアノブに手を掛けてドアを開けるアニメーションを作成する場合，腰 > 上半身 > 肩 > 上腕 > 前腕 > 手 というようにスケルトンの親子関係順に調整していくことになるが，手をドアノブに掛けたままの位置を保持しながら，手のスケルトンより上の階層のスケルトンを調整することはできない。**インバースキネマティ**

クス（inverse kinematics, **IK**）を上腕と前腕に適用することで，図 **5.13** のようにエンドエフェクタによって末端の手の位置を決めて，その状態に至る前腕，上腕の角度を自動で計算することができる。このような制御はキャラクターの腕や足に適用する場合が多い。IK に対して，スケルトンの親子構造そのままでアニメーションを制御することを**フォワードキネマティクス**（forward kinematics, **FK**）という。多くの DCC ツールでは FK と IK を切り替えながらアニメーションを作成できるものが主流となっている。

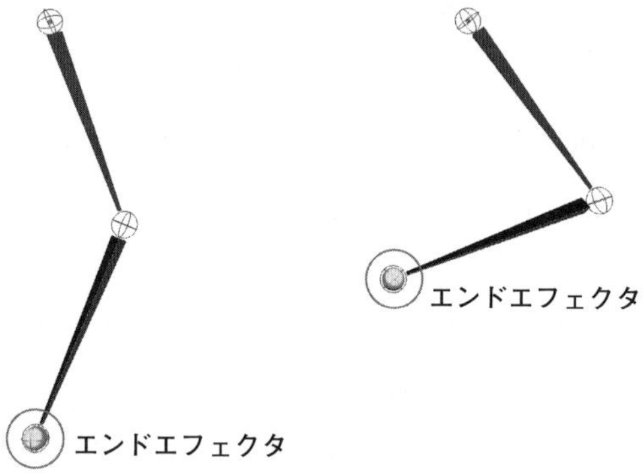

図 5.13　IK（インバースキネマティクス）の例

5.3.5 スクリプト

スクリプトとは総合型 3DCG ツールの機能を組み合わせて，手順を自動化したり，環境をカスタマイズするための簡易プログラム言語である。RIG を構成する仕組みにもスクリプトは使用される。例えば，前腕のスケルトンの軸に対するねじれ変形を操作するコントローラー A に入力された回転値を前腕のボーン A とボーン B に半分ずつ分散させる仕組みをスクリプトで構築することで，前腕のスケルトンの軸に沿ってきれいなねじれ変形を一つのコントローラーで制御することができる。

5.3.6 アニメーションのベイク（プロット）

Maya や Blender 等の総合型 3DCG ツールでアニメーションを作成する場合，

RIG でアニメーションされたオブジェクトやカメラ，スケルトン等のパラメータは逐次計算結果が更新されるため，そのままの状態でアニメーションデータを出力しようとしても，何も出力されない。RIG でコントロールされたアニメーションは総合型 3DCG ツールの機能を使用して RIG で計算処理した数値をアニメーションチャンネルのキーフレームに設定しなければならない。これを**ベイク**（**プロット**）という。ベイクされたアニメーションデータは 1 フレームごとにキーフレームが打たれた状態になる。

5.4 アニメーションの制作手法

アニメーションの制作手法は大きく分けてキーフレームアニメーション，モーションキャプチャ，シミュレーションの三つに大きく分けられる。

5.4.1 キーフレームアニメーション

キーフレームアニメーションは一連の動きから特徴となるポーズを時間順に定義し，ポーズとポーズの間を自動で補間してアニメーションを作成する手法で，アニメーション制作では最も基本的な手法である。後述のモーションキャプチャに対して**手付けアニメーション**ともいわれる。

例えば，**図 5.14**(a)のようなシーンに配置されているボールに対して，1 フレーム目にキーフレームとして配置を 0,0,0 に設定し，60 フレーム目にキーフレームとして配置を 3,7,0 に設定，120 フレーム目にキーフレームとして配置を 9,0,0 に設定，240 フレーム目にキーフレームとして配置を 15,0,0 に設定すると，1 〜 240 フレームかけて 0,0,0 から 15,0,0 に弾んで移動するボールのアニメーションが出来上がる。キーフレームとキーフレームの間は自動で補間されるが，図(b) 〜 図(e)のように補間の設定によってキーフレームからキーフレームに至るまでの移動のタイミングが変化する。

キーフレームアニメーションはブロッキング，スプライン，ブラッシュアップの三つの段階に分けてアニメーションを制作するのが基本である。

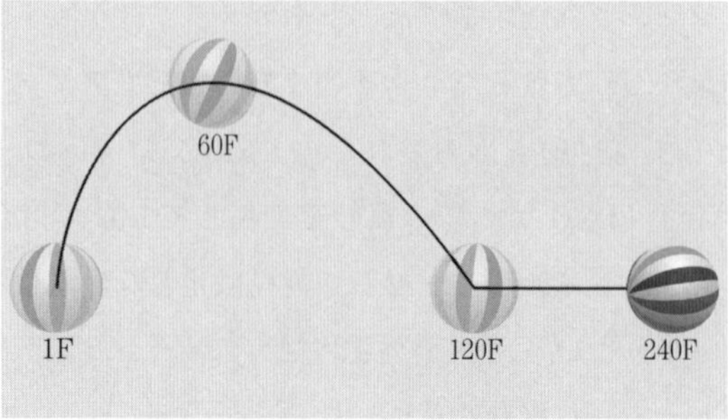

(a)　キーフレームの例

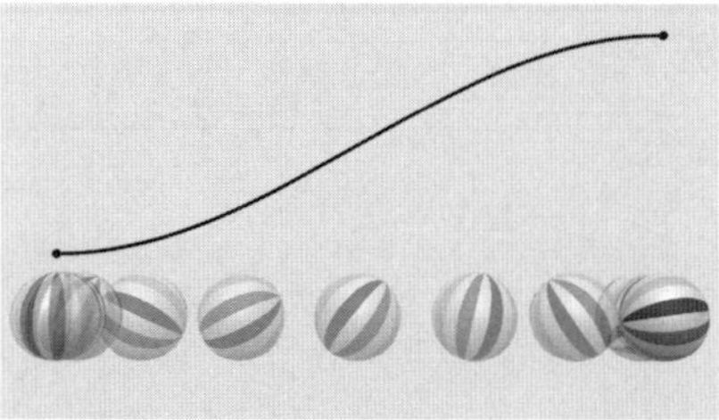

(b)　イーズイン・イーズアウト補間

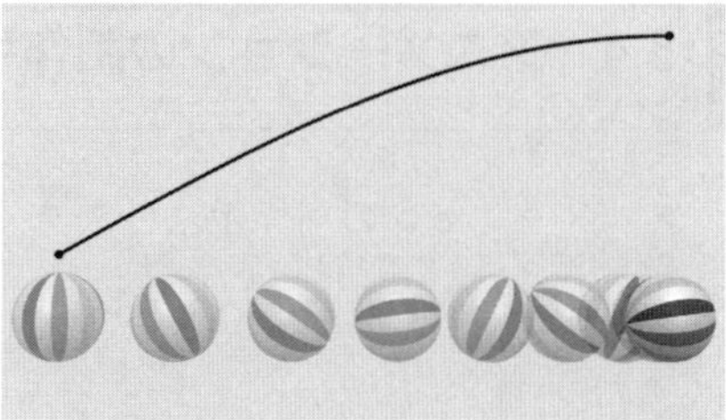

(c)　イーズアウト補間

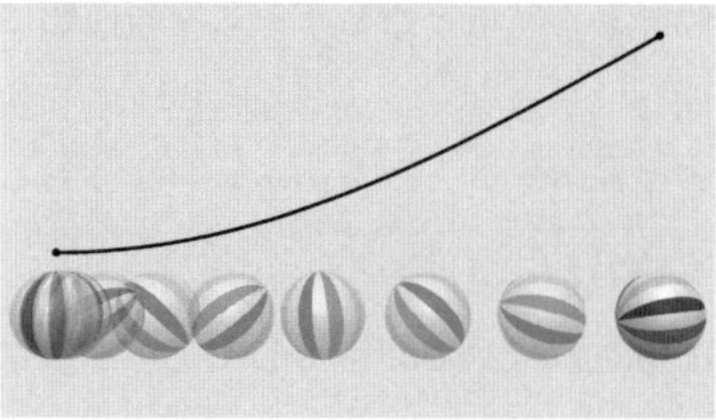

(d)　イーズイン補間

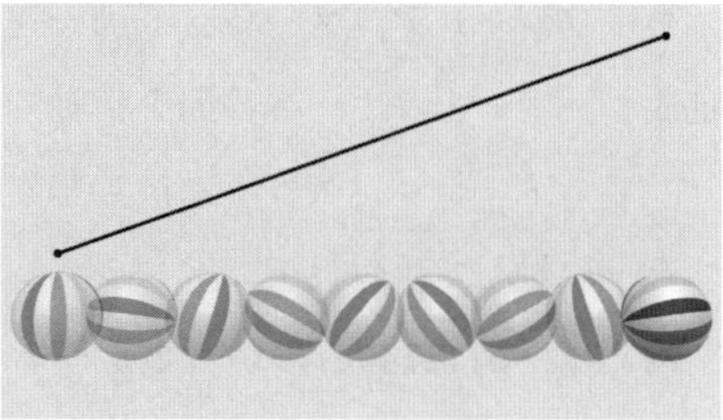

(e)　リニア補間

図 5.14　キーフレームアニメーションの例

ブロッキングとはアニメーターがこれから制作しようとするアニメーションのアイデアを動作の主要なキーポーズとタイミングだけ決まった状態で提示したものである。ブロッキングで動きの内容に間違いがないか，ゲームシステム上動きに問題がないかを確認する。ブロッキングの段階では，スローイン・スローアウトやオーバーラップといったキーフレーム間の細かい動きは盛り込まない。

ブロッキングで制作するアニメーションの内容が決定したらスプラインの段階に移る。アニメーションのカーブや補間設定を調整してブロッキングで作成した主要な動きのスピードやオーバーラップやフォロースルーを適宜調整する。ゲーム制作の多くの場合はこの段階のアニメーションを仮アニメーションとしてゲームシステムに組み込み，プレイヤーキャラクターの操作感やカットシーンでのリズム感，タイミングを確認して，以降のアニメーションの編集方針を検討する。

ブラッシュアップは仮アニメーションを基にイメージ通りにキャラクターが動き，プレイヤーが操作して違和感がない状態に調整をする，細かな動きや小物の動きを追加する，カットシーンのタイミング調整といったアニメーションの完成度を高める段階である。この段階では総合型 3DCG ツールでアニメーションを調整し，ゲームシステムに組み込んで確認するという工程を何度も繰り返して完成度を上げていく。

キーフレームアニメーションは総合型 3DCG ツールでもゲームエンジンでも作成することが可能である。総合型 3DCG ツールのほうがアニメーションの編集機能が充実しているが，ゲームエンジンの活用が一般的になることで，ゲームエンジンのアニメーション機能も充実しつつある。

5.4.2　モーションキャプチャ

モーションキャプチャは身体に取り付けたマーカーやセンサーを使用して，人の動きをデジタルデータ化する技術である。キーフレームアニメーションと比べて，リアルな人の動きをキャラクターに反映させることができるのが特徴である。光学式，ジャイロ，慣性センサー，イメージ解析などさまざまな方式があるが，ゲームを含むエンターテインメント業界においては図 **5.15** のような赤外線ストロボを備えたモーションキャプチャカメラを使用した光学式システムが多く使用されている。光学式モーションキャプチャは演技者を取り囲むように複数の専用カメラを配置し，演技者に取り付けた赤外線を反射するマーカーをとらえることで動きをデータ化する方式である。全身以外にも表情を捉

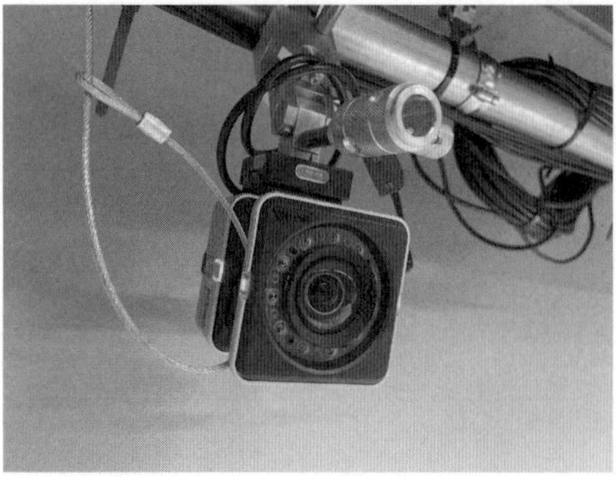

図 5.15　モーションキャプチャカメラ

えるフェイシャルキャプチャや手の指の動きをとらえるハンドキャプチャ，これらすべてを一度にデータ化するパフォーマンスキャプチャなどさまざまな撮影方式がある。

モーションキャプチャのデータはスケルトンアニメーションのデータですべてのフレームにキーフレームが打たれた状態になっている。モーションキャプチャで収録されているデータは実演者のプロポーションに基づいた動きのデータであり，そのままキャラクターのスケルトンにアニメーションを適用すると，足の滑りやポーズによっては手や足が体に埋まる状態が発生する。こうしたアニメーションデータを別のプロポーションに最適化する工程を**リターゲット**という。リターゲットは Maya や Motionbuilder の HIK や Unity の Mecanim を使用する。

モーションキャプチャシステムを応用したバーチャルカメラは人間味のあるカメラワークを得ることができる。これはあらかじめ作成しておいた総合型 3DCG ツールのシーン中のカメラとマーカーを付けてカメラに見立てたモニタを連動させることにより，モニタ越しにシーンでのカメラ位置を確認しながら直感的にカメラの動きを収録する手法である。

5.4.3　シミュレーション

シミュレーションによる手法は計算によって生成されるアニメーションでエ

フェクトや破壊表現，髪の毛や衣装が揺れる表現などに使用される。シミュレーションは総合型3DCGツールで計算したものをRIGと同様にコントロール対象にベイクしてアニメーションデータにする方法とゲームエンジンでリアルタイムに計算する方法がある。

前者はアニメーションデータとして保存されたデータを使用するので，つねに同じ動きが再現される。データを持つためアニメーションデータに使用するメモリ量は多くなる。後者はリアルタイムで計算が行われるため再現性はない。階層構造の親の動きやシミュレーションの外的要因によって計算されるアニメーションは変化する。状況によっては意図しない状態になる場合も考慮しておかなければならない。

シミュレーションを最も多用するのがエフェクト制作である。シミュレーションにはいくつかのタイプがあるが，エフェクト制作では目的に応じてさまざまな物理シミュレーションを組み合わせて使用する。詳細は11章のエフェクト制作で解説する。

5.5　アニメーションの編集手法

ゲームアニメーションはMayaやBlenderなどの総合型3DCGツールのアニメーション機能を使用して作成する。Motionbuilderのようなアニメーション専用のツールもある。ツールによって機能の呼称や使用手順に違いはあるが，編集のアプローチによって以下のようにツールの種類を分類することができる。

5.5.1　グラフエディタ

キーフレームアニメーションで制作する際にまず初めに使用するツールがグラフエディタである（図**5.16**）。キャラクターや編集対象物にポーズを取らせて，キーフレームとして定義する。キーフレームとキーフレームの間は自動的に補間することで，アニメーションが表現される。グラフエディタは定義したキーフレームの数値やキーフレーム間の補間タイプ，カーブの傾きをコント

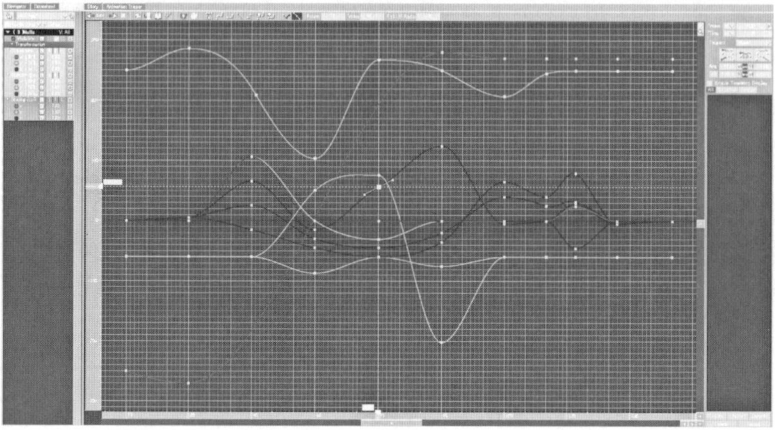

図 5.16　グラフエディタの画面

ロールすることができる。編集する数値は，例えば手足の角度であれば，X, Y, Z の３軸の回転値を操作することになるし，RIG に設定されたコンストレインのウェイトを０～１の数値を操作することもある。パラメータによって数値の範囲やチャンネル数は異なる。

5.5.2　アニメーションレイヤー

アニメーションレイヤーは，ベースとなるアニメーションに対して，Photoshop のレイヤーのようにレイヤーを作成して，別のアニメーションカーブを使って加算的に編集を加えるツールである。例えば，モーションキャプチャで撮影した手をドアのノブに掛けるアニメーションに対して，ドアノブの位置が変更となったため，手を掛ける部分だけを修正したい場合，アニメーションレイヤーを追加して，手の IK コントロールの位置をドアノブに掛かるようにオフセットするアニメーションカーブを設定することで修正することができる。そのほかにもキャラクターのポーズを修正する，手の位置をモデルに潜らないように調整するなど，モーションキャプチャで使用する頻度は高い。

アニメーションレイヤーはいくつも重ねて使用することができる。また，一時的に任意のレイヤーを影響しないようにすることも可能なので，元のアニメーションデータを改変することなくさまざまな修正パターンを比較しながら修正することができる。

複数のアニメーションレイヤーは一つのレイヤーに加算結果をまとめることができる。ツールによって呼称は異なるが，ベイクツール，プロットツール，あるいはマージツールを使用すると，ベースレイヤーに集約される。例えば，**図 5.17**(a)のアニメーションレイヤー A と図(b)のアニメーションレイヤー B を一つにまとめると図(c)のようなアニメーションカーブになる。その際にアニメーションカーブは毎フレームにキーが設定された状態になるので，さらに調整を行う場合は注意が必要である。

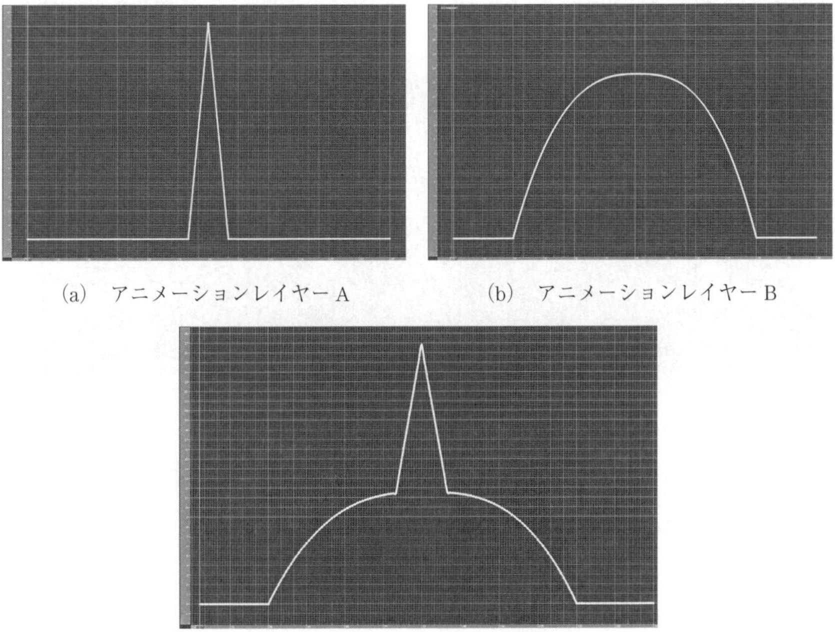

(a)　アニメーションレイヤー A

(b)　アニメーションレイヤー B

(c)　レイヤーをまとめた結果

図 5.17　アニメーションレイヤーの例

5.5.3 ドープシート

ドープシートは図 **5.18** のような格子が並んだウィンドウで一つの格子が 1 フレームを表している。縦軸に選択したオブジェクト等のアニメーションされているパラメータが並ぶ。例えば，オブジェクトの移動はグラフエディタでは移動（translation）は X, Y, Z 三つのチャンネルを個別に操作することができるが，ドープシートは X, Y, Z 三つのチャンネルが translation として一つの格子で扱われる。アニメーションが一通り出来上がって，キーフレームのタイミングを変更する場合にグラフエディタより作業に向いている。ドープシートは同じフレームに定義されたキーフレームを一括でコピーや削除，フレームをシフトすることができるツールである。

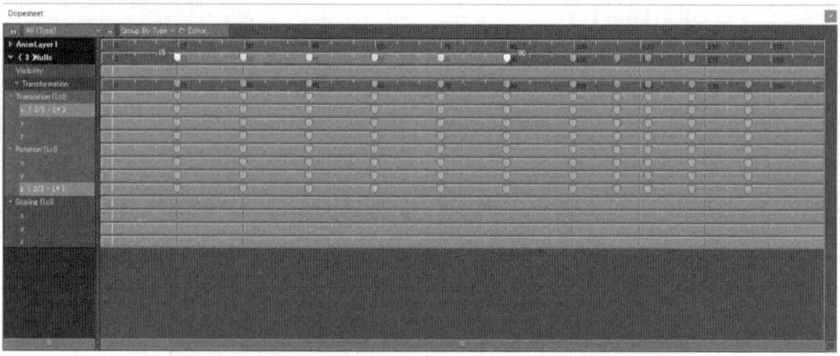

図 5.18　ドープシート

ドープシートのキーは複数選択することも可能なので，タイミングを維持したい部分を一括選択して，移動することもできる。キーフレームに対してすべてのアニメーション要素にキーが存在するわけではないので，キーを移動する場合は隣り合うキーフレームの有無にも注意が必要である。

5.5.4 ノンリニアアニメーションツール

ノンリニアアニメーションツールはビデオ編集ソフトのように，アニメーション全体を引き伸ばしたり縮めたり，トリミングしたり，複数のアニメーションをつなぎ合わせることができる。Maya であれば，タイムツール，Motionbuilder であれば，ストーリー機能がこれに相当する。

ノンリニアアニメーションツールはすでに作成したアニメーションをクリップという形式にして編集を行う。図 **5.19** のように異なる帯が一つのアニメーションデータを表している。例えば，モーションキャプチャで収録したデータの前後に発生する不要な部分を切り取り，待機のアニメーションと走るアニメーションをつなぎ合わせて，走り始めのアニメーションを作成する，あるいは走るアニメーションの最初と最後のフレームを補完させながら同じポーズに変更することでループするアニメーションを作成するといったアニメーション編集が行える。つなぎ合わせたアニメーションを単一のアニメーションにして，別のアニメーション作成のためのクリップに使用することもできる。

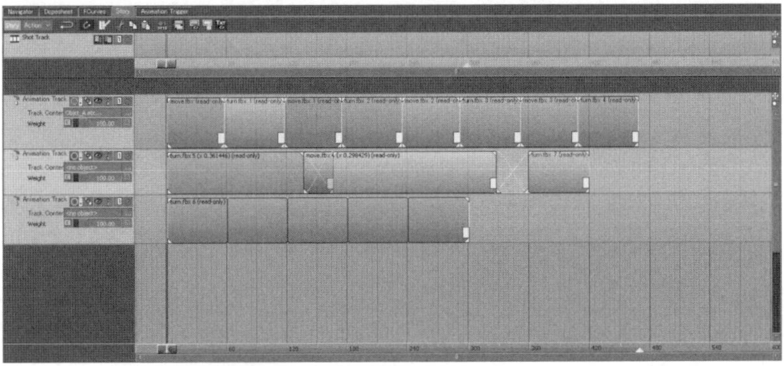

図 5.19　ノンリニアアニメーションの例

5.5.5　タイムワープ

タイムワープはドープシートやノンリニアアニメーションツールよりさらに複雑なタイミングの操作を行えるツールである。このツールも一連のアニメーションを一つのクリップとして扱うが，タイミングを調整するために，図 **5.20** のようなグラフエディタに似たインタフェースを使用する。グラフの横軸には編集するアニメーションのフレーム数が定義され，縦軸には編集後に適用されるフレーム数が定義されている。例えば，100F のアニメーションをタイムワープで編集する場合，初期状態ではタイムワープを設定するカーブは開始点 0,0

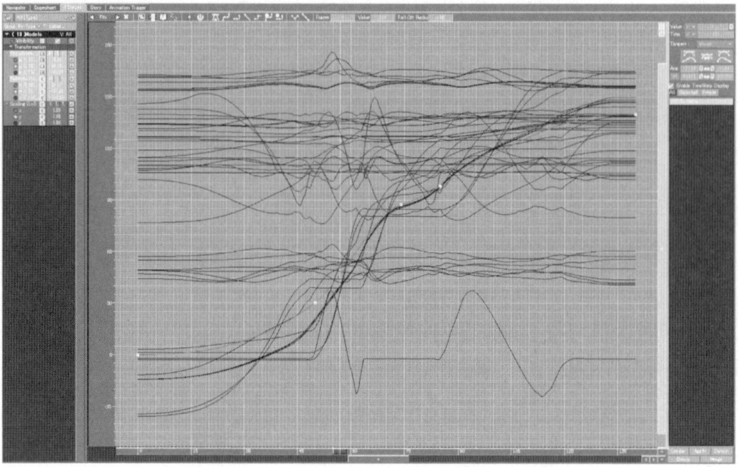

図 5.20　タイムワープの画面（口絵 23）

から始まり，終了点 100,100 の直線が表示される。つまり，10F では元のアニメーションの 10F の状態になり，75F では元のアニメーションの 75F の状態になる。このカーブの横軸 100 フレーム目の値を 50 にキーフレームを設定すると，編集後のアニメーションでは 100 フレーム目に元のアニメーションの 50 フレーム目の状態になるよう再生される。つまり，アニメーションのスピードが半減して半分しか再生されなくなる。

このような仕組みに基づいて，カーブの値が増加 ～ 減少 ～ 増加といったカーブを描くと，増加から減少の区分ではアニメーションが逆再生されたような結果になる。このようにタイムワープツールは元のアニメーションに対して，キーフレームに依存しないタイミングやスピードの調整を非破壊で行うことができる。

第 6 章

ワークフローと
アーティストの役割分担

本章ではゲーム制作の全体的なワークフローとアーティストの役割分担について解説する。また，制作を効率良く進める上で欠かせない，データのバージョン管理や工程管理についても解説する。

6.1　基本的なワークフロー

図 6.1 は一般的なゲーム開発全体のワークフローである。各段階は明確に内容が定義されたものではなく，場合によってはプロトタイピングの段階でプリプロダクションの内容が含まれることやその逆の場合も発生する。アーティストは各段階で行うべき目標，成果物を明確に設定して，各工程にどのくらいの時間が必要か算出してスケジュールを立てる。

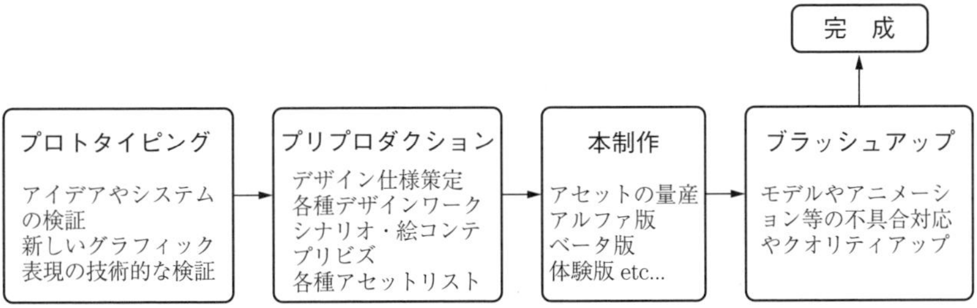

図 6.1　開発ワークフロー例

6.1.1　プロトタイピング

プロトタイピングとはゲームの面白さや仕組みを検証し，考えたアイデアが本当に面白いものになるのか見極める工程である。また，面白くするためにキャラクターの移動速度やジャンプの高さはどのくらいが適切なのか，ゲームのステージはどのくらいの大きさが適切なのか，障害物の高さ，大きさなどゲーム仕様を決めるための検証を行う。

この工程は少人数のチームで行われ，アーティストは本格的なアセット制作は行わない。プロトタイピングではシンプルなプリミティブを組み合わせただけのものや，既存のアセットを検証に適したものに調整したものを使用する。アセットのオリジナリティやクオリティよりも，なるべく多くの検証を行うためのスピードが要求される。

6.1.2 プリプロダクション

プロトタイピングで開発するゲームの面白さについて十分に検証が済んだ後に**プリプロダクション**を行う。プロトタイピングの成果を踏まえて，コンセプトアートやキャラクター，背景など各種設定のデザインワークを行いゲームの世界観を決定する。基本的に必要なデザインワークはこの段階で終わらせて，本制作ではモデルやテクスチャ，アニメーション等のデータ制作を行うようにする。

プリプロダクションにプロトタイピングの工程を含める場合もある。その場合，開発するゲームの面白さのコアとなるゲームシステムとリファレンスとなるビジュアル表現が実装された規模の小さなゲームが試作されることが多い。この工程を踏まえて本制作で懸念される工程上の問題点を洗い出して，アセットの制作時間とボリュームの見積りを行う。タイトル開発においてはこの試作ゲームの出来次第で本制作の可否が判定される。

6.1.3 本　制　作

プリプロダクションで開発するゲームのアートの方向性や制作するアセットの仕様や数が決まると，本制作に入る。本制作ではアルファ版とベータ版の二つのバージョンが定義されて制作が進められる。一般的にアルファ版ではゲームの仕様がすべて入っているバージョン，ベータ版ではすべてのデータが確認できるバージョンと定義される場合が多いが，開発するゲームの規模によってより細かくバージョンを分けたり，バージョンの内容定義が異なる場合もある。各バージョンで発見されたバグやグラフィックの不具合，クオリティアップは優先順位を付けてブラッシュアップの工程で対応することになる。

6.1.4 ブラッシュアップ

ブラッシュアップとはすべての仕様とデータが実装されたベータ版で発見されたバグやグラフィックの不具合の修正やデータのクオリティアップを行う工程であり，基本的に新たに仕様やアセットを追加することは禁じられる。見つかった問題点や改善点でゲームプレイ上弊害になる問題や明らかに不具合と見られる表現は優先度を高くしてブラッシュアップに取り組む。制作物はブラッシュアップまでに実装が完了すればよいと思われがちだが，ブラッシュアップはベータ版までの既知の問題への対応やクオリティアップを行うための期間であるということをアーティストはつねに認識していなければならない。

6.1.5 実装までのフロー整備

制作したアセットがゲームシステムに実装され，意図したビジュアルで表現されたことを確認するまでがアーティストの役割である。制作したアセットがつねに問題なく実装されるとは限らない。描画プログラムでの問題やアセットの制作工程上の問題などさまざまな要因で問題は発生する。アーティストは完全なアセットの完成前に制作途中や仮データをプログラマーに引き継いで，実装までのフローで問題はないか，データの仕様に不備はないか確認することが望ましい。例えば，大まかな形状が完成した段階でモデルデータが正しく実装できるか確認し，テクスチャ作業の途中のデータでゲームステージでの見え方を確認するためにモデルデータとテクスチャデータを実装するなど，段階ごとに仮データで実装検証を行い，データの不備や実装までのフローに問題がないか確認する。

6.2 アーティストの役割分担

ゲーム開発では背景やキャラクターなど要素ごとにアーティストが分担するが，プロジェクトの規模やワークフローの効率，各アーティストの持つスキルに合わせて分担内容は柔軟に変えられている場合が多い。ゲーム開発は現在でも発展途上であり，表現の幅が広がることによって，新たなアーティスト職が生まれて細分化する傾向にある。

6.2.1 コンセプトアート

ゲームの世界観やビジュアルの指針，目標とするゲーム体験を表したイメージをプロジェクトチーム全体で共有するための**コンセプトアート**を制作する。あくまでイメージの方向性を示すものであり，コンセプトアートは背景やプロップ等の詳細なデザインを制作するものではない。

6.2.2 背景・ステージ制作

ゲームのステージとステージに配置するプロップモデルのデザインとテクスチャ，モデルの制作を担当する。一般的にライトやライトプローブを配置して見た目の調整までの工程が担当範囲になる。背景に配置されたオブジェクトのアニメーションや水の流れのエフェクトなどをアニメーターやエフェクトアーティストが担当することもある。

アクション性の強いゲームではレベルデザインがゲームの面白さを決める重要な要素となる。そのため詳細な背景のデザインに入る前にゲームのアクションを検証するための検証ステージのデザインにも関わる。この段階で重要なことは，アクションと背景が相互連携して理想のゲームバランスを探し出し，キャラクターのアクションに対して背景物がどのような仕様になるのか基準を決めることである。

6.2.3　キャラクター制作

小さなプロジェクトでは，キャラクター制作はキャラクターデザインからモデル，テクスチャ制作まですべての工程を1人のアーティストで担当することもある。プロジェクトの体制によってはキャラクターデザインとモデリングで担当者が分かれる場合もある。

フェイシャルの設定やボーンの設定は技術的な専門知識を持ったリガーあるいはリギングアーティストという別の職種のアーティストが担当する場合もある（5.3節参照）。兼業する場合はCGのテクニカルな知識を持ったアーティストあるいはアニメーターが担当することが多い。

キャラクターはアニメーションすることによって最終的に完成する。キャラクターモデルが完璧になるまでアニメーション制作に入ることができないということは，スケジュール的に現実的ではない。ほとんどの場合，キャラクターデザインを基にモデルのプロポーションとボーンの配置だけを決めて，アニメーション制作用の仮モデルを制作する。アニメーターはキャラクターモデルの制作と並行してアニメーションを制作することになる。

6.2.4　アニメーション制作

アニメーション制作は大規模なゲーム開発では，ゲーム中のキャラクターやプロップのアニメーションを担当するアニメーターとカットシーンを担当するアニメーターにチームが分かれる場合がある。カットシーン担当のアニメーターはキャラクターやプロップのアニメーションに加えて，シーン配置やカメラワーク，フェイシャルアニメーションを担当することになる。モーションキャプチャを利用する場合にはアクター向けの演技内容の資料作成やリストの作成，撮影時のディレクションを担当することもある。

6.2.5　エフェクト制作

エフェクトアーティストはゲームシーケンスやカットシーンのエフェクト全般の制作，ポストエフェクトやカラーグレーディングまで担当し，描画プログラマーと連携して制作を進める場合が多い。

エフェクトは発生する場所や連動するアニメーションを基準に制作する必要があるため，本格的な制作に入るタイミングが遅い。基準となるモデルやアニメーションが揃う前の段階では，仕様に沿ったエフェクトのリストを作成し，それらのエフェクトに使用する可能性のある汎用的な素材を事前に制作しておくことが多い。

6.2.6 ライティング

カットシーンを含むゲーム全体のライティング，ポストプロセスを担当する。リアルタイムCGのライティングの表現力が向上したことにより，ライティング演出やポストエフェクト，カラーグレーディングに関する知識を持ったアーティストが専任してライティングを担うようになった。ライティングの役割を個別に設けない場合は背景アーティストやエフェクトアーティストが役割を分担する。

6.2.7 ルックデベロップメント

モデルのシェーダーとそれに関わるテクスチャを作成してモデルの質感を設定する役割をするのが**ルックデベロップメント**である。GUIを使ってシェーディングの各種処理をプログラムのフロー図のようにつなぐことでシェーダーを作成するノードベースのシェーダー開発環境は，アーティストによるシェーダーコントロールの敷居を低くした。また，ハイエンドタイトルでの描画表現の高精度化も影響して，シェーダーの作成を専任のアーティストが担当するケースも出てきた。これにはライティングアーティストの役割が含まれる場合もある。

6.2.8 UI

ゲーム全般のユーザーインタフェース（**UI**）の制作を担当する。メニュー表示などに関するグラフィックデザイン的な知識が求められる。また，ゲームシステムと密接に関係するためプログラマーと連携して制作を進める場合が多い。

6.3 リファレンス

複数のアーティストが並行して各自の制作を進めながら共同作業を行う場合に総合型3DCGツールのリファレンス機能を使用する。リファレンス機能とはほかのシーンデータ等を参照（**リファレンス**）という形でリンクさせて各担当者のシーンにインポートする仕組みである。

例えば，**図6.2**のようにキャラクターモデラーAとRIGアーティストB，アニメーターCが連携して，キャラクターモデルにアニメーションを付けるまでの工程を想定した場合，各工程が完了した後にデータを引き継ぐことにすると，アニメーターCはキャラクターモデラーAとRIGアーティストBの工程が完了しない限りアニメーション制作に着手できないことになる。そこで，キャラクターモデラーAはキャラクターの大まかなプロポーションとボーンの位置が決まった状態のラフデータをRIGアーティストBにリファレンス経由で引き継ぐと，キャラクターモデラーAは引き続きモデリングを進め，並行してRIGアーティストはキャラクターモデルへのRIGの作業に着手することができる。

RIGの最初のバージョンが完成したタイミングでRIGアーティストはリファレンス経由でRIGを組み込んだシーンを引き継ぎ，問題なくアニメーションが作成できるかどうかテストを依頼する。もし，何かしらの改善案をアニメーターから提示された場合は，RIGを修正してシーンを保存するとアニメーターCが作業しているシーンのRIGも更新される。キャラクターモデルに関しても，制作を進めてシーンを更新すると，RIGアーティストBとアニメーターCのモデルが更新される。

このように各担当部分をリファレンスとしてシーンに取り込むことによって，各分担の進行に影響せずに平行作業を行い，データの更新を簡単に共有することができる。

大規模な開発チームでの使用を想定した総合型3DCGツールであれば，リ

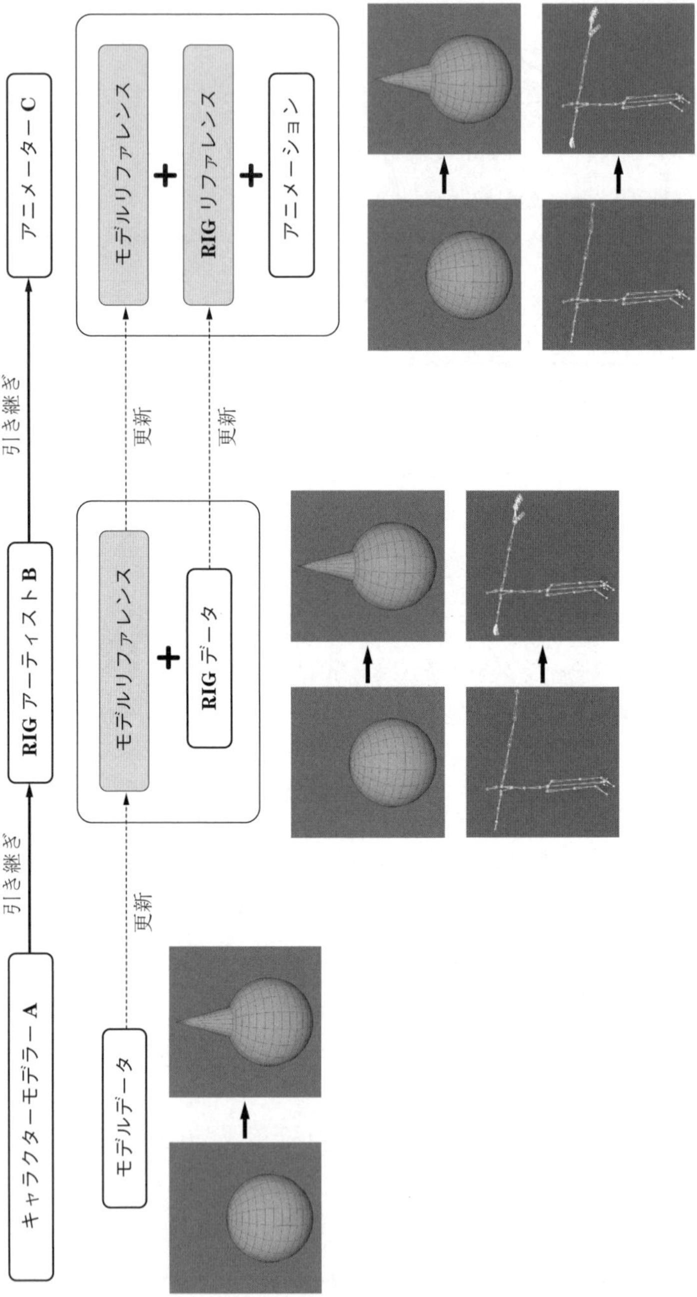

図 6.2　リファレンスの例

ファレンス機能がサポートされている場合が多いが，ツールによってリファレンスがサポートしている範囲は異なるため，チームで使用する前に事前に想定しているワークフローが可能かどうか確認することが必要である。

6.4　データのバージョン管理

作成したアセットやデータがほかのアーティストの作業に支障をきたすことがある。例えば，スキンウェイトデータの調整が完了したキャラクターモデルをアニメーターに引き継いでアニメーションの作業を進めている段階で，キャラクターのモデリング担当者が連絡なしにボーンの名前を一部変更すると，アニメーターが作成したキャラクターのアニメーションがゲームシステム上で正しく再現できなくなる。変更の内容によってはゲームプログラム自体が動かなくなる場合もある。日々多くのデータやプログラムが更新される中で，このような不具合の原因を見つけることは困難であり，開発チーム全体の時間のロスにもつながる。

バージョン管理ツールはこうした状況を最小限で回復するのに大いに役立つ。バージョン管理ツールは，登録したアセットやデータ，プログラムの履歴を残して，任意の過去のバージョンに簡単に戻すことができる。これをロールバックという。不具合の箇所だけを正常に動作していたバージョンに戻すことで，ほかのアセットやプログラムの作業の進行が滞ることを回避することができる。

バージョン管理ツールはGitやSubversion，Perfoceといったものがプログラマー向けには一般的であるが，アセットのバージョン管理，進行管理，レビュー・承認の機能が一体となったShotGridなどのアーティスト向けのツールもある。どのようなバージョン管理ツールでも専門的な知識が必要であり，開発チームの状況に合わせて運用しやすいものを検討する必要がある。

6.5 工程管理

「アーティストの役割分担」(6.2 節) でも解説した通り，背景やキャラクターなど各アセットの制作は分担制作したとしても，ゲーム開発では各要素が連携しており，それぞれの工程で作成されたアセットが別の分担者に引き継がれる場合があるため，工程管理は非常に重要である。

一般的に工程管理は**ガントチャート**と呼ばれる，アーティストが各アセット制作を進めていく「段取り」を項目別にまとめた表で工程の進捗を管理する。項目は各アセットがタスクとして作成され，いつ制作に着手して，いつ完了するかが棒グラフで期間が表される。制作の開始と完了が示されていればよいと思われがちだが，例えば，キャラクターモデルの工程を定義する場合，制作着手と完了の期間中に RIG アーティストが分担されている場合は仮モデルとスケルトンデータの引き継ぎ予定を設定しなければ，RIG アーティストがいつ RIG の制作に着手できるのか，またその後にアニメーションの制作がいつから開始できるかを把握することができない。複数のタスクが連動する場合は引き継ぎの期日を設定しておく必要がある。

また，各工程の成果物に対する承認や修正依頼を考慮しておくことも重要である。完成したアセットがあらかじめ設定したクオリティや仕様を満たしているか承認は誰が行うのか設定して，差し戻しを行う場合の修正期間をあらかじめ制作期間にある程度含めておくことが望ましい。

ガントチャートはスプレッドシートで作成することができるが，Microsoft Project や Jira などの専用ツールやクラウドで共同作業が可能なサービスがあり，複数のタスクが連携する工程管理は専用ツールを使用したほうが進捗状況を確認しやすい。開発チームの工程管理の方法に応じて専用ツールを導入することを推奨する。

6.6　役割分担の細分化と変化するアーティストの役割

技術の高度化に伴いゲーム開発における役割分担は細分化される傾向にある。リアルタイム CG の表現力が広がったことで，アーティストに対してライティング，ポストエフェクト，カラーグレーディング，シェーダーに関するより深い知識や制作能力が求められ，従来の役割分担から細分化，再構成されたことにより，ライティングアーティスト，ルックデベロップメントといった新たなアーティスト職が生まれている。

また，アーティストの担う役割や求められるスキルも開発の変遷とともに変化する。例えば，ゲームアニメーションにおいては単に断片的なアニメーションデータを作成するだけではなく，高度なモーション補完処理や AI と連携するアニメーションエンジンの登場によって，それらをコントロールすることがアニメーターの役割になるかもしれない。

背景制作においては，プロシージャル手法は大規模な背景を効率的に制作できるという点で注目を集めているが，Houdini や City Engine などのプロシージャルツールを活用するために，デザインしたモデルをプロシージャルな手法でどのようにモデリングするか，その法則を構築する思考やテクニカルなモデリング知識が背景アーティストのスキルとして求められる。

アーティストとしてゲーム開発に携わるには，開発環境や技術の変化に対応するために，技術とアートの二つの視点でつねに学び続ける姿勢が必要である。

第 7 章

背景・ステージ制作

本章では背景制作に関して解説する。ゲームの背景をデザインする上で求められること，留意すべきことを説明した上で，基本的な背景制作の進め方を解説する。また，ゲームでの背景表現に使用されるリアルタイムグラフィックス技術（ブロック展開，テッセレーション，背景のヒットチェック，ライトプローブ）について解説する。

7.1　背景デザインに求められること

ゲームの背景，ステージはゲームの中で表現する世界観をデザインすると同時にゲームの面白さをデザインするレベルデザインの二つの視点から制作することが求められる。素晴らしいビジュアルデザインであっても，レベルデザインが不十分だと良いプレイ体験を感じさせることはできない。逆にレベルデザインが素晴らしいものであっても，それを生かすビジュアルデザインでなければゲームの魅力は半減してしまう。ビジュアル表現とレベルデザインの両側面のバランスを取ることが求められる。

7.1.1　現実味を感じさせるデザインとスケール感

たとえ架空の世界であったとしても，ゲームの世界に現実味を感じさせるために，現実の世界がどのような仕組みで構成されているか参考にすることはとても重要である。例えば，建築物や椅子やテーブル等にはサイズの規格がある。現実の身の回りは気づかない形で多くの規格によって構成されている。規格化されているサイズや基準から外れると，それが架空のものであったとしても違和感の原因になる。

実在する建物や物，風景をデザインの参考にする場合は，その建物や物の文化や様式の歴史，自然物であれば地形の成り立ちや地質，植物の種類や分布など十分にリサーチを行い，現実味を感じさせるために必要なポイントを明確にしてデザインしていくことが必要である。

背景モデルの一部で可動するものとして，ダムや水門などの大きな構造物から工場の生産ラインの機械までさまざまな大きさのものがあるが，構造上の強度や機械的な動く仕組み，大きさの規格，どのような動力源で動かされていたか，資料を集めてデザインを検討する。自然物と一体になっているような人工物では，どのような構造になっているかもポイントになる。違和感のあるデザインはゲームへの没入感を阻害する原因にもなる。

7.1.2　空 間 の 演 出

この先に何かがいる，危険な感じがする，清涼感を感じるなど，プレイヤーに空間から何かしらの雰囲気を感じさせることは，背景デザインにとって重要なことである。こうした雰囲気を作り出すために，ライティングやフォグ，ブルームなどのエフェクトで空間を演出する。実際には光源となるものが存在しなくても，演出のためにライティングを施すことも検討する。どのようにすれば意図した演出になるかは，映画のセットや舞台，ステージのライティングが参考になる。ゲームの背景はプレイを進めることで随時変化していくものなので，個々のエリアの演出だけでなく，プレイ進行によってどのように変化させていくかという点にも留意する必要がある。これはテーマパークのアトラクションのライティング演出が参考になる。

7.1.3　レベルデザインの視点

レベルデザインとは，ゲーム中にプレイヤーにどのような体験をさせるか，どのような課題を行わせるか設計，作成する工程である。背景制作において具体的にはステージの地形や構造のデザイン，アイテムや仕掛けの配置，敵の動きの設定と配置などを行う。ゲームの背景デザインはユーザーにとって現実味があり魅力的な世界観を表現すると同時に，レベルデザインに十分に配慮することが求められる。例えば，存在の自然さを求めて，アイテムやゲームの仕掛けが背景と馴染み過ぎてしまうと，プレイヤーが進むべきルートを見失う，あるいはアイテムに気づかず通り過ぎてしまうような状況が発生する。

アクションを重視するゲームではキャラクターの移動速度やジャンプ力等を踏まえ，どのようなリズム感で移動させたいか，操作テクニックに関して課題を課すことにも意識した背景デザインが必要であり，ビジュアルデザインとレベルデザインの両側面でバランスを取ることが重要である。

7.2　背景制作のフロー

以下に順を追って背景制作のフローを解説するが，ビジュアルデザインとレベルデザインの工程はどちらが先に行うかは明確に決まっていない。ジャンルやチーム体制，ゲームアイデアの出し方などによって順番は異なる。また，実際の制作はビジュアルデザインとレベルデザインの工程を何度も往復しながらビジュアル表現とレベルを調整することが多い（図 **7.1**）。

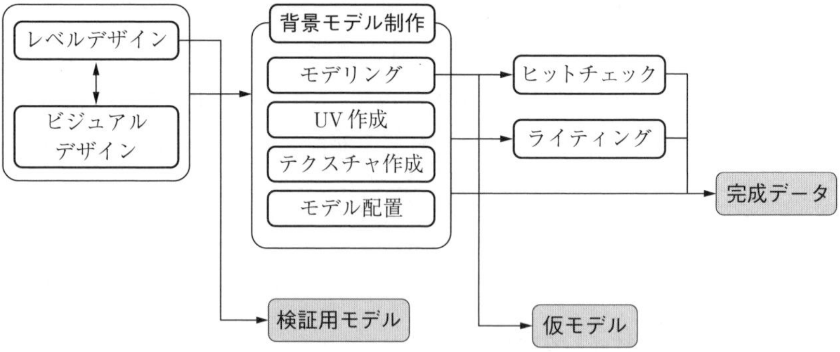

図 7.1　背景制作のフロー例

7.2.1　ビジュアルデザイン

ビジュアルデザインを先行する場合は，ゲームの世界観やゲームシステムから想像するプレイ体験を提案するコンセプトアートから始める。ゲームプレイに関連する部分，例えば，ジャンプして回避する障害物などはレベルデザインの工程を経て適切な障害物の高さやサイズの仕様が決まった後に詳細なビジュアルデザインを行う。

もしレベルデザインが先行して完成しているのであれば，プレイ時の視点からのレンダリング画像を基に背景のビジュアルデザイン案を検討することができる。全体像と同時に背景を構成する建物や配置物などのディティールに関しても別途デザイン案を提示することが望ましい。

7.2.2　レベルデザイン

背景制作においては詳細なモデル制作に取り掛かる前に**レベルデザイン**の検証を行うために，図 **7.2** のような簡単な形状でステージを作成して，ゲーム性や面白さの検証を行う。このときに構造物のデザインを考慮してサイズを設定し，検証において複数配置するものや位置を変更する可能性のあるものは別パーツに分けておく。また，キャラクターの移動速度やジャンプの高さなど，キャラクターの基本的なアクションの仕様を決めておく必要がある。

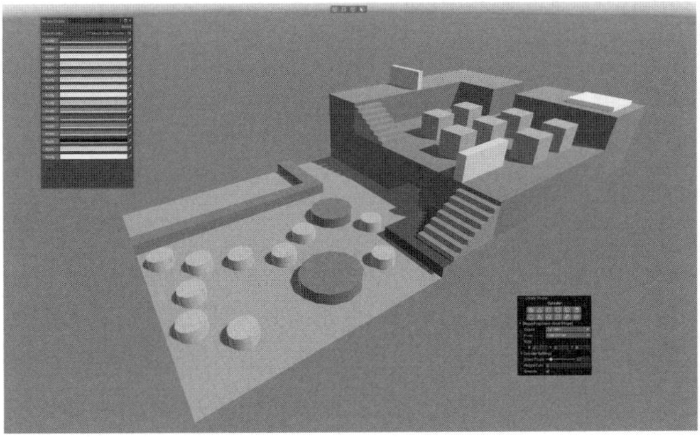

図 7.2　レベルデザインの例

簡易背景をゲームシステムに組み込んで実際にプレイを体験して，意図した操作ができるか，ステージの難易度は適切か等を確認する。意図したゲームプレイ体験が実現するまでモデルやゲームシステムの調整を行う。

レベルデザインの検証を進めて，問題なければデザイナーは検証で使用したステージをひな形にして，本格的な背景制作に取り掛かる。

7.2.3 モ デ ル 制 作

レベルデザインで作成した簡易背景をテンプレートにして詳細な**モデル制作**を行う。ステージ固有のモデルは適宜グループ分けしてモデルを制作する。街灯や椅子，テーブルなど汎用的に配置して使用するオブジェクトはオブジェクト単位に別にまとめておく。その際に配置しやすいように原点を決めておくとよい。

広大な範囲の背景を制作する場合，キャラクターやプロップとは異なるスケール基準で制作を行うことがある。例えば，キャラクターやプロップは小さなパーツを作成する場合が多いため，総合型 3DCG ツールの数値 1 を 1 cm としてモデルを制作する場合，同じスケール基準を背景モデルの制作でも使用すると，大きな数値を扱うことになりモデリングする上で不都合が多くなる。そこで背景のモデル制作では DCC ツールの数値 1 を 1 m としてモデルの制作を行う。複数のスケール基準を用いた場合はゲームエンジンへのインポート時にスケール基準を合わせて読み込むように設定する。また，アニメーションもスケール基準の影響を受けるのでインポート時にスケール基準が合っているかどうか注意が必要である。

7.2.4 エフェクトやアニメーションを伴う背景モデル

エフェクトやアニメーションを伴う背景モデルは，表現する内容によってエフェクトデザイナーやアニメーターに引き継がれ，データが背景デザイナーの手からいったん離れることになる。モデルやテクスチャ，マテリアルなどのデータ更新を行う場合は，関連するデザイナーにも影響があるかどうか留意し，背景モデルの制作が並行で行われる場合は，データの更新などワークフローを事前に申し合わせておくとデータの相違によるトラブルを防ぐことができる。エフェクトを背景に追加する場合，パーティクルや物理シミュレーションの制御しやすくするためにアニメーションするモデルと関連する周囲のモデルデータを原点に再配置して制作を行うことがある。その場合に，作成したモデルやエフェクト，アニメーションデータをどのように配置するかプログラマーと事前に決めておく必要がある。エフェクト独自で使用するライトの扱いにも注意が必要である。

7.2.5　背景のヒットチェック設定

ビデオゲームでは何かと衝突，接触したかどうか判定する処理を行う場合が多く発生する。例えば，キャラクターが壁にぶつかったかどうか，指定したエリアに入ったかどうか，攻撃が当たったかどうかなどである。これを**ヒットチェック（コリジョン判定）**という。

ヒットチェックをオブジェクトのポリゴン単位で行うことは膨大な計算量が必要となりリアルタイムで計算することは難しい。そこで計算負荷を抑えるためにヒットチェック用に球や円柱などの簡単な数式で表現できる幾何学的なモデルを実際のモデルと重ね合わせて使用する。

背景にはキャラクターとの接触を判定するためのヒットチェックが必要である。ゲームエンジンによっては専用のオブジェクトで設定する場合もある。背景のヒットチェックでは，キャラクターがヒットチェックの隙間に挟まって，動けなくなったり，キャラクターが行けない部分を通り抜けたりしてゲームが継続不可能にならないようにしなければならない。背景や配置物の位置調整やモデルの更新時にはヒットチェックが更新した背景に対応しているかどうか，隙間や余計な空間ができていないか確認する。

7.2.6　ライティング

広大な背景に大量のライトを配置してリアルタイムで処理するのは限界があ

る。そこで，ライトを設定した背景モデル対して，各オブジェクトの表面の明るさの計算を事前に行い，ライトマップを作成してライティングを表現する。ライトマップは同じUV座標を共有する部分が同じ光の当たり方をするとは限らないため，モデルに設定したUV座標で頂点が重ならないように注意しなければならない。また，頂点間に十分な余白がないと，ライトマップにオーバーラップが発生して不自然なライティングとなる可能性があるため，頂点間に十分な余白を残すようにする。

7.2.7 ライトプローブの配置

ライトマップは静的オブジェクト（動かないオブジェクト）に対して有効だが，キャラクターなど動的なオブジェクトにライティングを反映させることができない。そこで，動的なオブジェクトにライトマップのライティングを反映させるためには**ライトプローブ**を配置する。

ライトプローブはシーンに配置した複数のボックス型のボリュームで空間を区切り，ボリューム内にあるライト情報を事前計算をしてリアルタイムに処理できるデータの状態で保持しておく。これを動的オブジェクトに当たる間接光を最も近いボックスからの値を使って近似することでライトの効果を表現する。これは配置できるライトの数に制限のあるリアルタイム環境では有効な手法である。

複雑なライティングやコントラストの強いライト領域など，ライトの変化の著しい領域はライトプローブを細かく配置する必要がある。ライトの変化が少ない領域ではライトプローブの数を少なくする場合もあるが，例えば，光源を等間隔に配置したステージで光源と光源の間に暗い領域ができるようにライトを配置した場合，図**7.3**(a)のように光源と光源の空間を囲むようにライトプローブを配置すると，暗い領域がサンプルされず，動的なオブジェクトに対するライティングが適切に変化しない状態が発生する。この場合は図(b)のように暗い部分もサンプリングするようにライトプローブを配置することで，光源と光源の間の暗い領域を適切に表現することができる。ライトプローブの配置

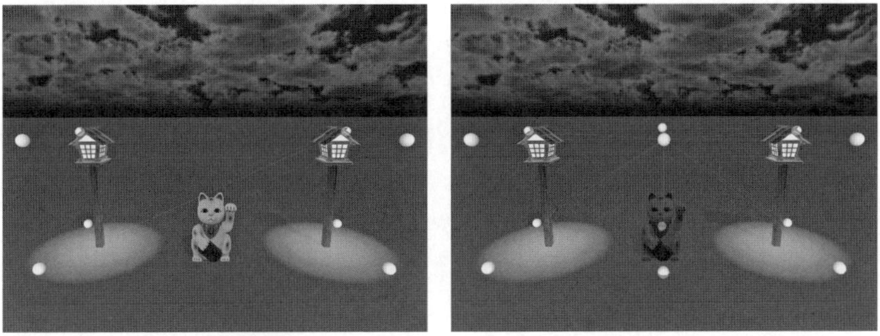

(a) 光源がある空間を囲んだだけのライトプローブ　(b) 明暗を考慮して適切に配置したライトプローブ

図 7.3 ライトプローブの配置（口絵 24）

に際しては，ライトの位置や密度と同時に明暗部の変化にも留意して配置する。

7.3 ブロック展開

限られたメモリ上にゲームに必要なキャラクターやプロップ，広大なゲームステージをすべて収めることは不可能である。そこで，現在必要なデータのみをメモリに読み込んで使用して，不要になったらメモリから消去して新たに必要になるデータを読み込むという方式が取られている。広大なステージを使用する場合，その背景データを**図 7.4** のようにグリッド状に分割して，適宜必要な部分のデータを読み込む方法が取られている。これを**ブロック展開**あるいは**マップ展開**という。

ブロック展開はゲームエンジン等にデータを実装する過程で，専用ツールで行われるので，アーティストの手で分割する必要はないが，キャラクターが現在いるブロックから何ブロック四方の背景を表示する必要があるのか，レベルデザインとビジュアルデザイン両側面から検討して背景をデザインする必要がある。なるべく描画に余裕を持たせるテクスチャ数，ポリゴン数になるように，背景デザインを検討すべきではあるが，例えば，遠景のときは書割で表現し，そのブロックを 3D で見せる前に視界を遮る遮蔽物や通路などを配置する

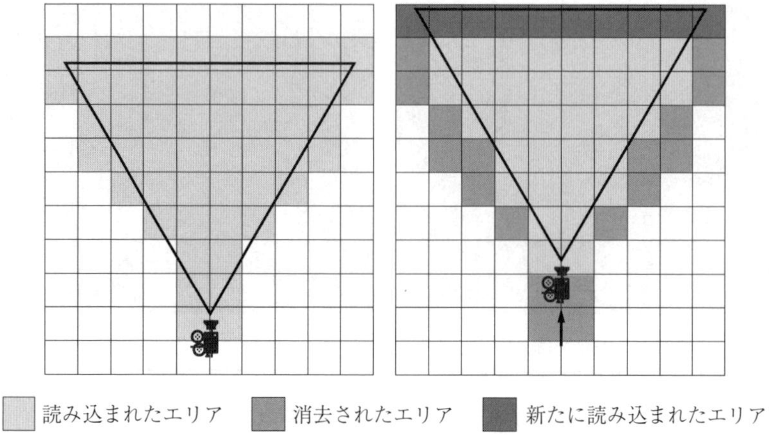

図 7.4　ブロック展開の例

ことで 3D モデルに差し替えるタイミングを設けるデザインにするといった工夫も検討する。

7.4 テッセレーション

テッセレーションは距離に応じてモデルのポリゴンを分割することで滑らかな形状を表現する技術である。この表現手法は元のモデルのデータ量が少ないため，大量の頂点データを GPU に読み込む負荷を軽減するのに役立つ。また，Normal Map やディスプレースメントマップをポリゴン数の少ないモデルで効果的に使用することができる。

ポリゴンの分割は決められた法則に則って行われるが，アーティストは適切にポリゴンが分割されるようモデルのトポロジーに注意してモデリングする必要がある。滑らかな分割のためにポリゴンの格子の並びをなるべく維持すると同時に，形状を表現する上で必ず必要となる稜線はなるべくオリジナルのモデルで表現しておくようにする。ポイントが三つあるいは五つのエッジを共有した状態の箇所では，細分化された場合に意図しないエッジが発生しないか確認し，場合によっては意図した分割になるようにエッジのつながりを変更する。

第 8 章

キャラクター制作

本章ではゲームキャラクター制作について解説する。キャラクターはビジュアルとゲームシステムの二つの視点からデザインする必要がある。また，アニメーションとの関係も深い。具体的なキャラクター制作の進め方とキャラクターのビジュアル表現に関係するリアルタイム技術に関しても解説する。

8.1　キャラクターデザインに求められること

8.1.1　立体表現と動きを考慮したデザイン

キャラクターのデザイン/モデリングの特徴的な点として，アニメーションが適用されることをつねに留意して進めることが挙げられる。キャラクター表現は単に外見を作り上げるだけでなく，アニメーションすることによってはじめて個性が表現されて完成する。

キャラクターデザインでは，図 **8.1** に示したデザイン資料例のように細かな部分までビジュアルデザインを固めていく。立体として成立させるために見えない部分や小物の形状，ディティールまで明確に提示しなければならない。またポリゴンで作成することへの考慮も必要である。それらと同時にキャラクターのプロフィールや性格，行動原理，話し方や喜怒哀楽などの表情，象徴するポーズといったキャラクターがゲームの世界でどう振る舞うか，さまざまな設定までデザインする必要がある。

ゲームのキャラクターデザインは平常時の見え方だけではなく，ゲーム中でアニメーションしている状態に留意してデザインしなければならない。例え

(a)　キャラクターデザイン資料の例

(b)　デザイン資料を基に作成されたモデル

図 8.1　デザイン資料と作成されたモデルの例〔提供：Unity Technologies Japan/UCL〕

ば，キャラクターのデザインの特徴的な部分を正面に作ったとしても，三人称視点でつねに背面しか見えないゲームでは，そのデザインを生かすことは難しい。広大な背景ステージに小さく表示された状態でキャラクターが移動する画面では，シルエットに特徴が少ないキャラクターでは，たくさんのキャラクターが登場する場面で操作中に見失うこともありうる。3D モデルで表現される場合はさまざまな方向から見られる可能性があるが，特にゲーム中の状態や大きさを想定してデザインすることが重要である。

デザインによってはアニメーション表現が技術的に可能かどうか検討し，技術的に難しい場合は表現方法やデザインを変更することも必要となる。例えば，ロングヘアーを髪の毛１本レベルでアニメーション表現するのは現在のゲームグラフィックスの手法では難しい。この場合はいくつかの短冊形の板に分ける表現方法が代替案として検討できる。裾の長いドレスは足周りの動きが大きく制限されるため，可動範囲が大きなアクションは難しい。その対策としてはドレスの脇にスリットを入れたデザインや足が動きやすいデザインを検討しなければならない。このように代替の方法やデザイン変更がキャラクターの魅力を表現する上で問題にならないか，キャラクターデザイナーとモデラー，アニメーターなど関係する担当者と検討する必要がある。

8.1.2　プロポーション

キャラクターをデザインする上で解剖学的な体の部位の比率を押さえることは重要である。例えば，図 **8.2**(a)で示す通り，通常，脚の比率は左側のキャラクターのように１：１であるが，右側のように腿を短く膝下を長くした場合，図(b)のように片膝をついたポーズを取らせると膝下が長いために膝を立てた側の太腿の角度が鋭角になって体に埋まってしまい，不自然なポーズになる。また図(c)のように太腿の角度を調整すると重心が前のめりになって，これもまた不自然なポーズとなる。ほかの例として足に対して手の長さが短いと，床に落ちている物を拾うような動きが付けにくくなる場合がある。

体の部位の比率をつねに守らなければならないということではないが，デザイン時にラフなモデルで想定するさまざまなポーズを取らせて，アニメーションする上でどのような問題が発生するか，またその対処方法（代替ポーズやポーズの指針を決めるなど）を検討しておくとよい。キャラクターの**プロポーション**は骨格だけでなく，衣装のアウトラインの工夫や配色でも見た目の印象は大きく変わるので，衣装コーディネートや配色見本なども参考にするとよい。

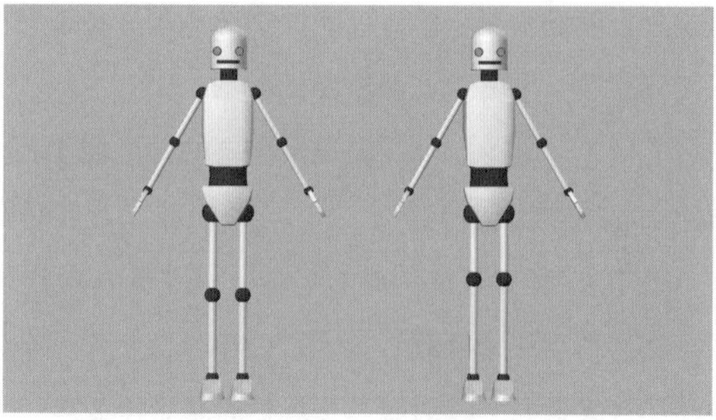

(a)　脚の比率が1：1（左）と異なる比率（右）の比較

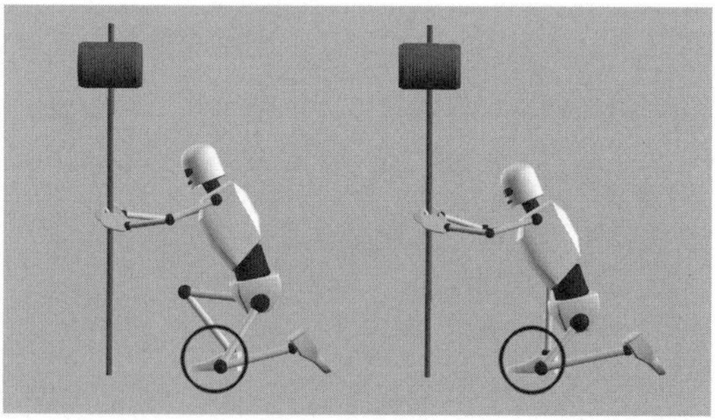

(b)　太腿の角度が鋭角になった例

(c)　太腿の角度を調整した結果

図8.2　プロポーションの違いがポーズに影響する例

8.1.3　キャラクター制作に関連する知識

キャラクターのデザイン，モデリングに必要な知識は広範囲に及ぶ。衣装のデザインは，架空の世界が舞台であったとしても見た目だけの情報でなく，参考にする服装の歴史や文化，土地，風土による違いを十分リサーチしてデザインすることで説得力のあるものになる。武器や道具の使い方，機能を知ることで実際の動きで阻害しない衣装デザインに役立てることもできる。

図 8.3 はリアルな洋服のモデリングおよびクロスシミュレーションを行うことができる Marvelous Designer の画面である。このような実際に衣装を作る工程を CG モデリングで再現する手法においては，縫製技術や型紙などの衣装の

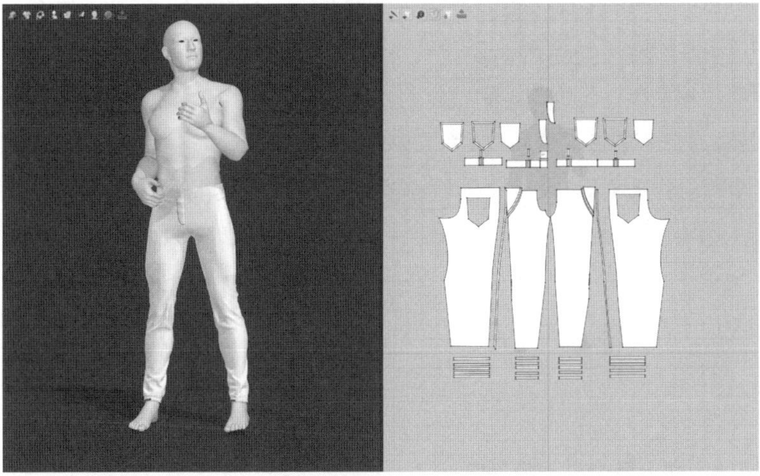

(a) 型紙を基にしたモデリング例

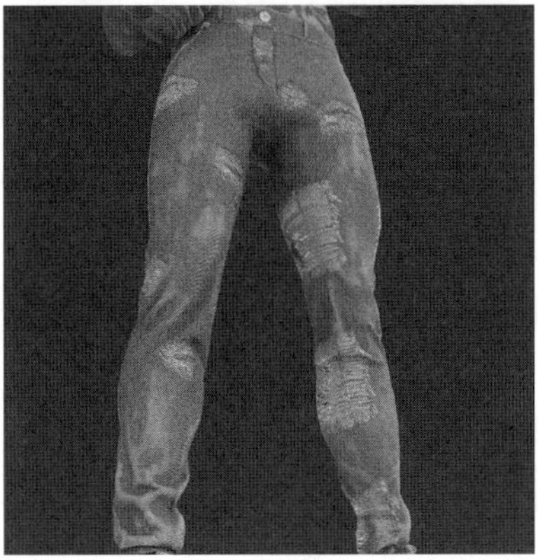

(b) モデルの完成例

図 8.3 Marvelous Designer の画面
〔提供：室橋直人（東京工芸大学）〕

制作方法の知識が必要となる。

筋肉の挙動を再現するマッスルツールが各種総合型 3DCG ツールでサポートされているが，例えば，実在しない四足のモンスターをデザインする場合でも，類似する動物の骨格標本や筋肉などの解剖学の知識は，現実味があるデザイン，モデリングを行う上で必要となる。総合型 3DCG ツールの機能進化によって効率的に高いクオリティの造形やアニメーションが可能となったが，造形や表現の知識，原理に対する理解がなければ，これらのツールを活用することはできない。

資料が足りないと感じた場合は，十分にリサーチして資料を作成するよう心掛ける。デザイン画で表現しきれないような質感などは，参考となる画像を集めて資料を作成する。キャラクターの立ち振舞い，表情など動く要素は参考となる人物の写真や動画を活用する。キャラクター表現はキャラクターデザイン，モデリング，リギング，アニメーションと多くのセクションが関わって表現が完成するため，各担当者とイメージを可視化，共有化することは重要である。

8.1.4　キャラクターのプロップ

キャラクターがゲーム中で装備したり，手に持つ小物を**プロップ**という。キャラクターのプロップをデザインする際，キャラクターとのサイズとゲーム上での見え方に留意する。使用するポリゴン数は決められているので，どの程度まで形状としてモデルを作成するか，Normal Map の併用なども検討しながらバランスを取って作成することが重要である。

キャラクターが持って移動する場合は，キャラクターにプロップを持たせて，アニメーションさせた場合のバランスにも留意しなければならない。アニメーターがポージングしたキャラクターにプロップを持たせて確認ことが必要である。キャラクターが人体の標準的な比率と異なるプロポーションの場合，想定していた持ち方ができない場合も考えられるので，キャラクターデザインの段階で持たせるプロップのデザインも併せて検討するとよい。

8.1.5　乗り物，メカのプロップ

キャラクターが搭乗してステージを移動する乗り物や背景に配置するものであってもアニメーションを伴うものは，ライティングが動的に変化するため，プロップ扱いとなる。

ゲームでのCG表現は，もし実在した場合の構造的な強度まで正確に検討する必要はないが，架空の乗り物であったとしても，実在する似たものの構造やパーツの大きさ，関係性を参考にデザインをすることは現実味のあるデザインをする上で大切なことである。車のサスペンションや制御構造，ヘリコプターのローターの構造など詳しく調べると，映像で少し見た以上の複雑な構造で動くものが多くある。部品同士の連動した動きにも注目して，リサーチしてから

デザインを進めるよう心掛ける。

8.2　キャラクター制作のフロー

以下にキャラクター制作のフローを説明する。キャラクターモデルが完璧に完成してからアニメーション作業に着手するというフローでは，モデルが完成してRIGが組み込まれるまで，アニメーターはデータ待ちの状態となり制作期間が無駄に掛かってしまう。実際には**図8.4**のようにモデル制作と並行してRIGやアニメーションの検証作業が行われることが望ましい。

検証作業にはキャラクターの大まかなプロポーションとボーンの位置を決めた状態のモデルを仮モデルとして使用する。リファレンス機能を活用することで各工程の更新データをほかの工程で共有することができる。あらかじめ汎用の検証モデルを用意しておく場合もある。この場合は検証用モデルと実際のキャラクターモデルではプロポーションが異なり，検証作業で作成したデータが本制作でそのまま使用できないかもしれないことを前提に作業を進める必要がある。

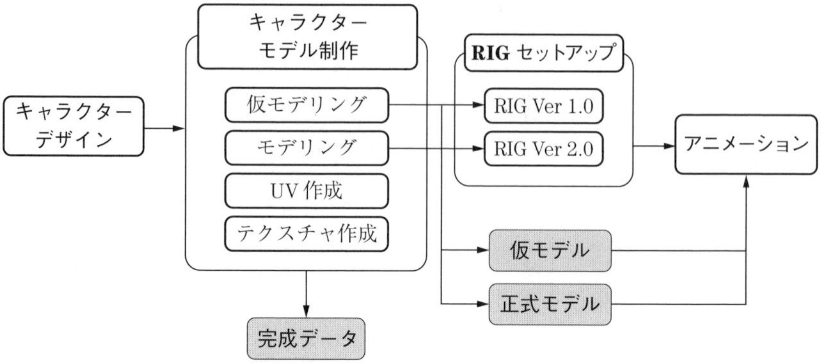

図 8.4　キャラクター制作のフロー例

8.2.1　モデル制作

キャラクターモデルの制作に決まった制作手順はないが，正面図と側面図をガイドラインにしてモデリングを行う方法が長く取られてきた。ただし，正面図と側面図に忠実であればモデルの正解というわけではない。さまざまな角度から見てボリュームや形状に違和感はないか確認して修正を加える。キャラクターモデルの高精度化に伴い，ZBrush 等のスカルプティングツールを使って制作するケースも多くなってきたが，基本的な考え方は同じである。また，前述したキャラクターデザインに求められることが立体としてできているかどうかも重要である。

キャラクターのモデリングは**図 8.5** のような A ポーズ, T ポーズの二つのポーズのいずれかの状態でモデリングを行う。

これらのポーズは 8.2.3 項で説明するスケルトンやスキンウェイトデータの設定，RIG の構築が行いやすいポーズである。一般的に A ポーズのほうが自然な状態に近くモデリングしやすいポーズとされている。T ポーズは RIG 構築の際に都合の良いポーズで，モーションキャプチャを利用する場合にはセットアップに必要となる。A ポーズでモデルを作成した場合は，上腕のスケルトンを回転させて T ポーズの状態にすれば問題ない。

A ポーズ，T ポーズどちらでモデリングするとしても，肩の骨の状態に注意

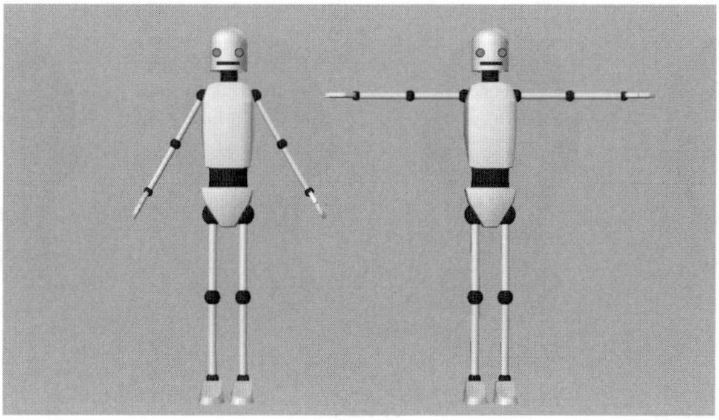

図 8.5　A ポーズ（左）と T ポーズ（右）

してモデリングする。A ポーズでは肩の骨は平常状態を保っていることを想定してモデリングを行う。T ポーズの場合は上腕をまっすぐ水平に伸ばすので，肩の骨が若干上がった状態になる。肩の状態が正しくモデリングされていない場合，モーションキャプチャのデータをキャラクターに適用したときに肩が下がり過ぎたり，上がり過ぎる状態になる場合がある。こうした場合は撮影したデータに補正を掛けて修正することになる。

8.2.2　フェイシャルモデル

フェイシャル表現とはキャラクターの表情全般を指す。表情というとアニメーションの役割に思われるかもしれないが，キャラクターの個性を印象付ける大きな要素という意味においては，キャラクターモデル担当者が担う部分は非常に大きい。

フェイシャルの表現手法には大きく分けて二つの方式がある。図 **8.6** のように平常時の顔のモデルのポイントを移動して顔の各部位が移動したモデルを作成し，複数のモデルをブレンドしてフェイシャルを表現する。この手法を**シェイプアニメーション**という。

図 **8.7** のように顔の動く部位にボーンを設定して，ボーンを動かすことでモデルを変形させる手法を**スキン変形**という。スキン変形はキャラクターの体の変形にも使用される。一般的にスキン変形と比較してシェイプアニメーション

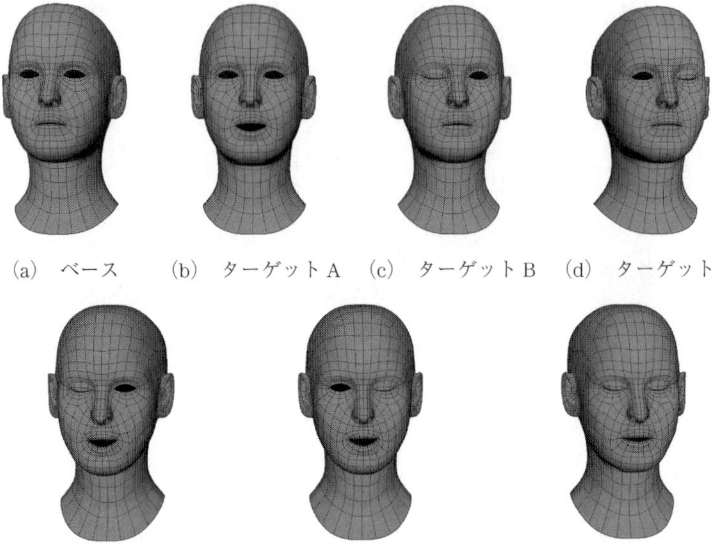

(a) ベース　(b) ターゲットA　(c) ターゲットB　(d) ターゲットC

(e) ターゲットA 100%　ターゲットB 100%　ターゲットC 0%

(f) ターゲットA 100%　ターゲットB 0%　ターゲットC 100%

(g) ターゲットA 50%　ターゲットB 100%　ターゲットC 100%

図8.6　シェイプアニメーションの例

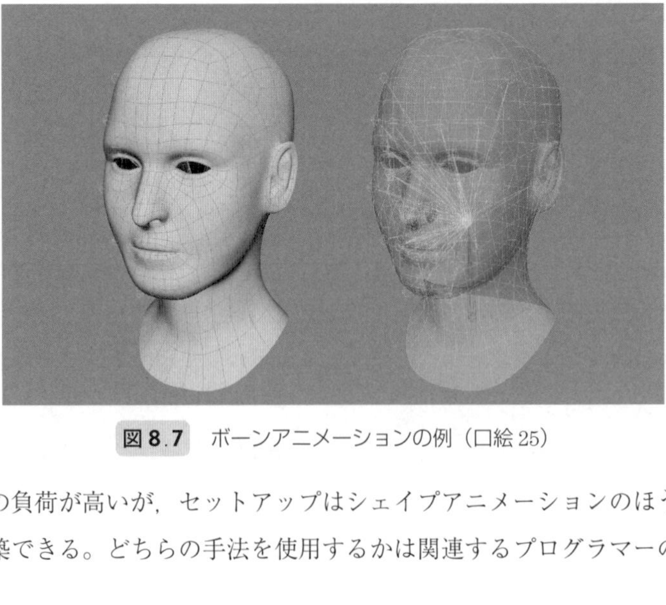

図8.7　ボーンアニメーションの例（口絵25）

は処理の負荷が高いが，セットアップはシェイプアニメーションのほうが直感的に構築できる。どちらの手法を使用するかは関連するプログラマーの意見を踏まえて検討する。

どちらの手法を使用するにしても，作成するモデルは大きなポイントの移動が発生しても破綻なく顔の形状を表現できる変形に適したトポロジーとポイント数を持っていることが求められる。

例えば，唇は口角の部分で上下に分かれたポリゴン分割ではなく，口全体が同心円状に広がるようにポリゴンを分割したほうが，口の動きに対して破綻なく変形させることができる。また，上下のまぶたが動くことによって目は閉じるなど，顔の動きは思った以上に細かい。顔のモデリングに際しては，実際の顔の表情筋を参考にして，モデリングを行うことを推奨する。

フェイシャルアニメーションを行うために用意するモデル（あるいはボーンのポーズ）の種類は，右目を閉じる，左眉を上げる，唇をすぼめる等，各部位ごとに平常状態から最大に動かした状態を作成する。各部位ごとに用意することで，例えば，右目を閉じながら口を大きく上げるといった組合せの表情を細かくコントロールすることができる。**リップシンク**（10.4.4 項で解説）を行う場合は，使用する解析方式に即した口のポーズを用意する。

部位の分け方は，まずキャラクターの表情集を基にモデルのポイントを動かして表情を作成し，どのくらいの部位コントロールが必要か検討するとよい。少なすぎると表情が乏しくなり，多すぎてもコントロールしづらくなる。コントロール部位が多くなる場合は，使用頻度が低いコントロール部位を使用した表情を一つのセットとして管理することでコントロール部位の数を減らすことができる。また，怒る，笑うなど表情ごとに各コントロール部位の状態をプリセットとして用意すると効率良くフェイシャルを作成することができる。

8.2.3　ボーン配置とスキンウェイト設定

スキン変形の場合，キャラクターのモデリングが完了したら，各部位に**ボーン**を配置して**スキンウェイト**を適用する。スキンウェイトとは配置したボーンに対して，モデルの各点が影響を受ける割合を示すデータである。通常は一つのポイントに対して二ないし三つのボーンの影響を受けるようにスキンウェイトを設定する。総合型 3DCG ツールによっては一つの点に対してウェイトが掛かるボーン数の上限を設定することができる。

Maya や Blender 等の総合型 3DCG ツールが自動で割り当てるスキンウェイトは必ずしもアーティストが意図した通りの結果になるとは限らない。例えば，硬い金属でできた装飾具をつねに形状を保つようにするには，一つのボーンだけにスキンウェイトが割り当てられるように調整する必要がある。スキンウェイトの調整は図 **8.8** のようにポイントごとにウェイトをペイントするツールや直接数値入力する方法を状況に合わせて適宜使い分けて調整する。

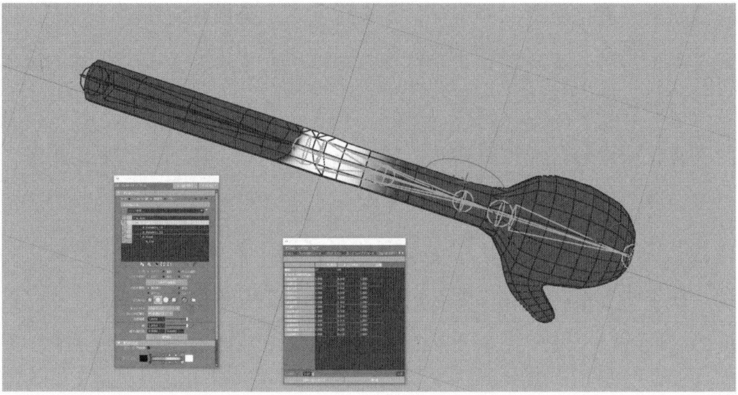

図 8.8　スキンウェイトの調整画面

各ボーンを回転して，モデルの変形がおかしくならないか確認する。肘や膝など大きく曲がる箇所はポリゴンの分割状態によっては，好ましくない変形結果になる場合がある。一般的に図 **8.9** (a)のように，大きく曲がる箇所は曲がる外側は分割を多くし，曲がる内側はポリゴンが折りたたまれても形状が破綻しないようにポリゴンを少なくすると，図(b)のように変形した際のアウトラインが好ましい形状になりやすい。スキンウェイトの調整作業は各点のスキンウェイトの調整と必要に応じてポリゴンを再分割することの繰返しになる。アニメーターに各関節を動かした確認用アニメーションを作成してもらい，スケルトンを動かしながらポリゴン分割やウェイトバランスを確認するとよい。

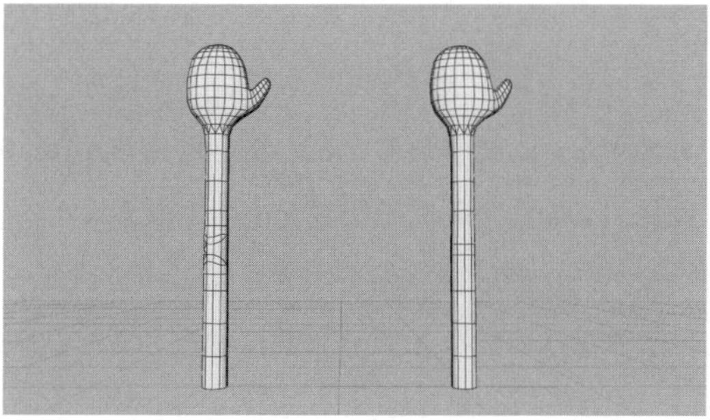

(a) 変形前

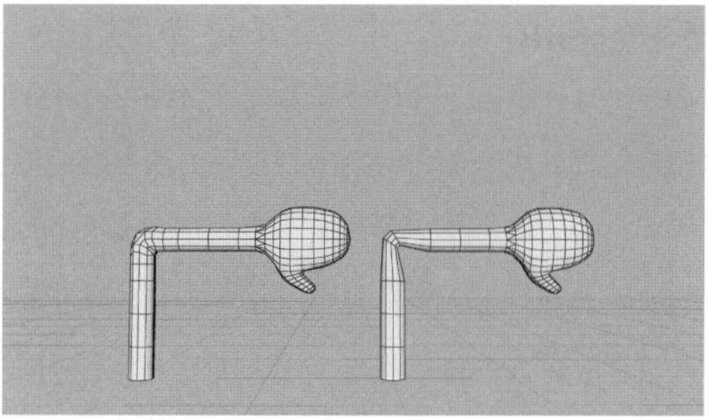

(b) 変形後

図8.9 スケルトン変形の例

8.2.4 テクスチャ作成

テクスチャを制作する上で注意すべき点はオブジェクトにマッピングされたときの大きさと画面でどの程度の大きさでレンダリングされるか留意して描く領域のバランスを取ることである。ゲーム開発ではテクスチャの大きさや使用できる数は厳密に決められている。限られたテクスチャデータでよりクオリティの高い表現を行うために，画面に対して大きく映るもの，小さく映るもの，見える頻度などによって描く領域のバランスを決める。

キャラクターモデルの場合，プレイヤーキャラクターや主人公クラスのモデルにはテクスチャのサイズ，枚数を多く割り当て，ゲーム中で汎用的に使用される **NPC**（non player character，ゲームプログラムで動かされるキャラクター）

にはサイズ，枚数をともに少なくする。キャラクターの顔は見る頻度が高く，フェイシャルアニメーションでアップになる場合，領域を大きく取って細かいディティールを表現する。あまり映ることのない足元や大きく映る頻度が少ない小物に関しては見栄えの許容範囲で領域を小さく取るようにする。領域の大きさはUV座標でのパーツの分割状態や大きさによって決まるので，UV座標作成の段階から，テクスチャのサイズや枚数に留意してUV座標を設定する必要がある。

8.2.5 キャラクターRIG

キャラクターのアニメーションを作成する際，スキンウェイトを適用したスケルトンを直接回転して作成するのは効率の良い方法とはいえない。例えば，腕や足のボーンにインバースキネマティクスを設定することで腕や足の末端の位置をコントロールするだけで上腕と前腕，腿と下肢を連動させて曲げることができる。背骨のような複数のボーンにスプラインIKを設定すると，少ないコントロールポイントを移動するだけで背骨の曲がり具合を直感的に設定することができる。このようにキャラクターを少ない操作で効率的，直感的にコン

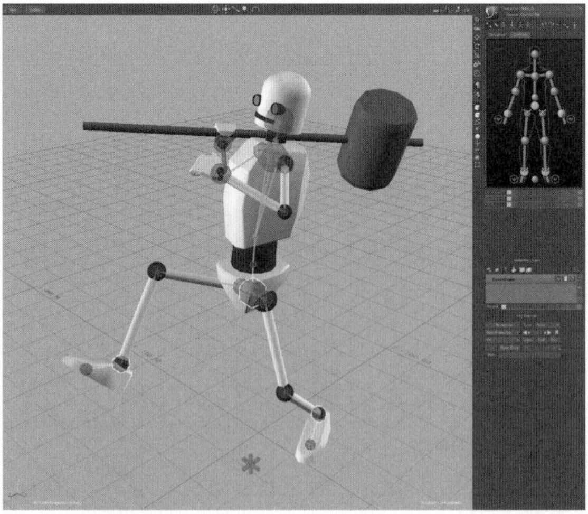

図8.10　Motionbuilderのコントロール RIG

トロールすることを目的として構築される仕組みを**キャラクター RIG**（リグ）という。

キャラクター RIG は総合型 3DCG ツールの IK 機能やコンストレイン機能等を組み合わせて構築するほかに，**図 8.10** のような Motionbuilder のコントロール RIG 機能や CAT，mGEAR などキャラクター RIG を構築する専用ツールを使用して構築することもできる。

8.3 補 助 ボ ー ン

上腕や足，背骨など，実際の人の関節に相当する位置にボーンを配置してスキンウェイトを適用しただけでは，良いスキン変形の結果を得られない。例えば，右上腕→右前腕→右手首という構造でボーンを配置してスキンウェイトを適用した状態で右手首をひねると**図 8.11**(a)のような手首周辺にポリゴンのねじれが集中して，実際の手首をひねったような状態にはならない。こうした場合に図(b)のように手首と肘の間に複数のボーンを追加して，手首のひねりの 50％，25％と緩やかに前腕全体がきれいにひねるように，コンストレイン（5.3.3 項参照）やスクリプト（5.3.5 項参照）で自動で動く仕組みを構築する（変形結果：図(c)）。こうした体の主要な関節に相当するボーンの動きに連動して自動的に動き，スキン変形を補正する仕組みを**補助ボーン**という。

補助ボーンはスキン変形を補助する以外にも，スキン変形の影響が強すぎる箇所を抑えて，元の形状をなるべく維持するために設定する場合もある。

高精度のモデルでは補助ボーンの数も多くなり，アニメーションデータのリソースを逼迫することになるため，アニメーションを出力するのではなく，プログラマーと協力して補助ボーンの仕組みをゲームプログラム上で再現する場合もある。

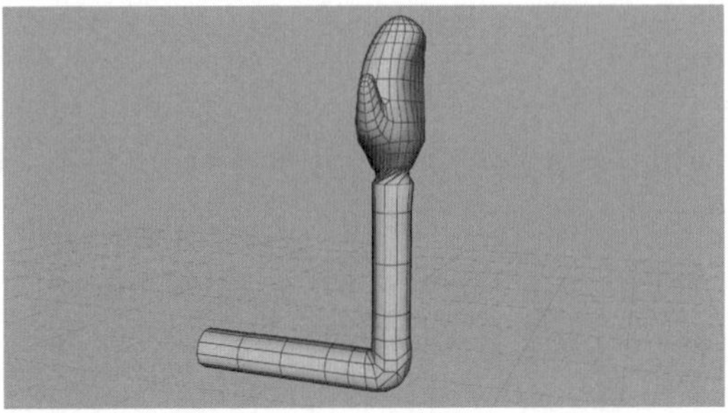

(a)　腕の補助ボーンなしで手首をひねった例

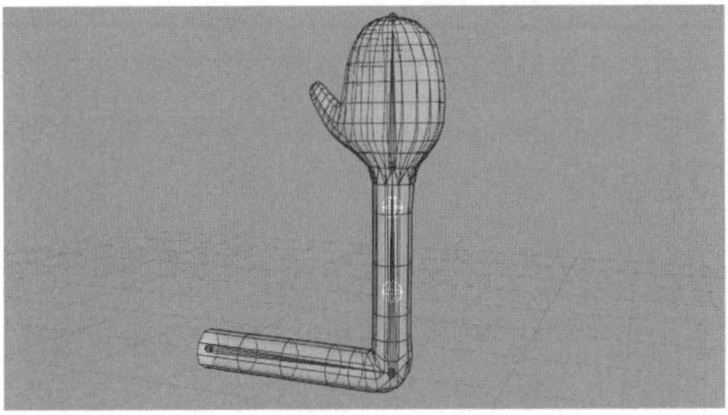

(b)　腕の補助ボーンの配置例

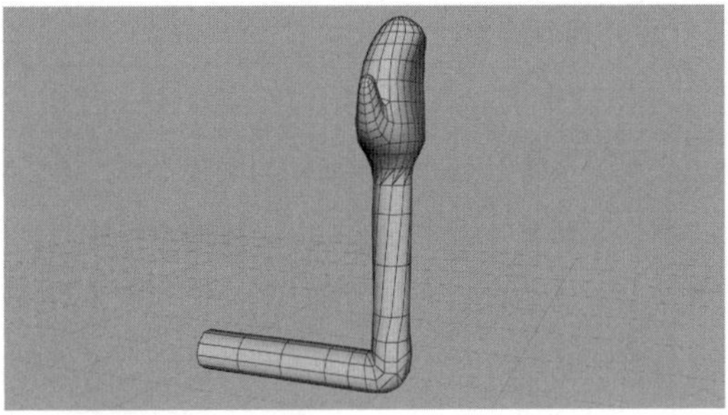

(c)　腕の補助ボーンありの変形例

図 8.11　補助ボーン配置による変形の例

8.4　小物，衣服，髪の毛などの揺れ物

髪の毛やマントやドレスの端，身につけている小物等を動きに合わせて揺らす場合，身体と同様にボーンを配置してスキンウェイトを適用し，ゲームエン

ジン上でスプリングなど比較的計算負荷が軽い物理シミュレーションで揺れる表現を行う場合が多い。この手法の場合，ゲームエンジン上で実際にどのように挙動するか確認して，パラメータを調整することになる。

比較的計算負荷が低い物理シミュレーションであっても，髪の毛や衣装に大量にボーンを配置すると，揺れ物だけでキャラクター1体分のボーン数になってしまうこともある。キャラクターデザインの段階から揺れる表現が必要なデザインを採用する際には，全体の負荷を踏まえた上でキャラクターに割り当てられるボーン数の上限を設定し，その範囲で表現できるかどうかキャラクターデザイナーやモデラーなど担当者で協議するようにする。

8.5　キャラクターのヒットチェック設定

ビデオゲームではキャラクターが何かと衝突，接触したかどうか判定する処理を行う場合が多く発生する。例えば，キャラクターが壁にぶつかったかどうか，指定したエリアに入ったかどうか，攻撃が当たったかどうかなどである。これを**ヒットチェック**（**コリジョン判定**）という。オブジェクト同士のヒットチェック判定をポリゴン単位で行うことは膨大な計算量が必要となりリアルタイムでの表現は難しい。そこで計算負荷を抑えるためにヒットチェック用に球や円柱などの簡単な数式で表現できる幾何学的なモデルを実際のモデルと重ね合わせて配置し，ヒットチェック用のモデルとして使用する。

ヒットチェック用のオブジェクトをどのような形で準備するかは，扱うヒットチェックの内容によって変わる。例えば，広大なエリアを動き回るときのステージとキャラクターのヒットチェックであれば，キャラクター全身を包むようなカプセル形状で十分であるが，「体のどの部位に攻撃が当たったか」という精度でヒットチェックが必要な場合は，キャラクターの各部位ごとに形状を合わせたヒットチェックオブジェクトが必要になる（図 **8.12**）。

また，実際のモデルに対してヒットチェックを大きくすれば，ヒットした判定になりやすい状態になり，小さくすると判定されにくい状態になり，ゲーム

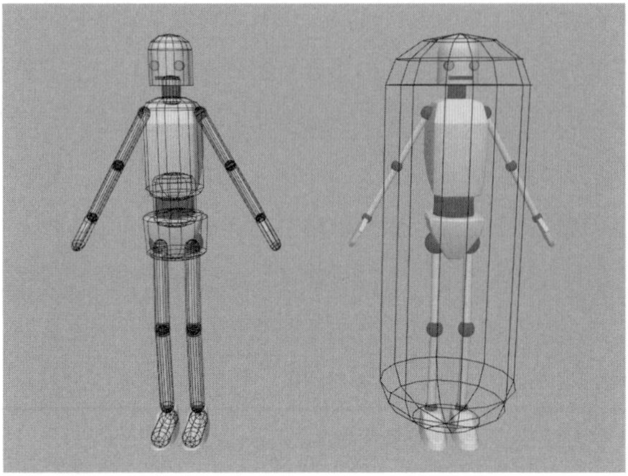

図 8.12　部位ごとの例（左）と全身を包んだ例（右）

の難易度にも影響する。

ヒットチェック用のオブジェクトは複雑に入り込んだモデル形状を忠実に覆う必要はないが，ヒットチェックに覆われていない箇所は判定範囲外となる。どの程度の精度が必要なのか，レベルデザインや処理負荷，プレイした感覚を参考に適宜調整していく必要がある。

8.6　LOD

細密に表現されたキャラクターを何体もリアルタイムで表現することは最新のハードウェアでも技術的に限界がある。広大で見通しの良いゲームステージでは，プレイヤーの近くいるキャラクターには細かなディティールが必要だが，遠くにいて存在が認識できればよい程度のキャラクターには細かなディティールは必要ない。そこで，視点の位置から近くにあるものは細かく，遠くにあるものは見えるべき情報量に合わせて粗い形状に変更することで，限られたデータ量でグラフィックを表現することができる。

LOD（level of detail）はカメラからの距離に応じてモデルのポリゴン数を調整する手法で，図 **8.13** のように遠くにあるモデルをオリジナルよりも少ない

図 8.13　LOD の例

ポリゴン数のモデルに差し替えて計算負荷を軽減する。

オリジナルのモデルから自動的にポリゴンを削除する機能もあるが，ポリゴンを少なくしつつ，モデルの形状をなるべく良く見せたい場合は，あらかじめ手動でポリゴンを削減した数タイプのモデルを作成して距離に応じてモデルを切り替える方法を取ることが多い。特にキャラクターモデルでモデルの各部位が認識できる必要がある場合は手動によるポリゴン削減を行うことが多い。

第 9 章

ゲームアニメーション制作

本章では，ゲーム中で表現されるさまざまなアニメーション要素の中でも，ゲームシステムによって動くキャラクターアニメーションについて解説する。プロップ，背景物のアニメーションに関しては，9.2.5 項の「プロップのアニメーション」で，エフェクトに関しては 11 章で解説する。

9.1 ゲームアニメーションに求められること

ゲームアニメーションと映像コンテンツのアニメーションの制作手法に大きな違いはないが，ゲームアニメーションは映像コンテンツのアニメーションとは違った点を求められることがある。以下はゲームアニメーションに求められることであるが，これはゲームシステムによってリアルタイムに操作されるアニメーションに限ったことであり，10 章で解説するカットシーンのアニメーションでは映像デザイン的な要件が多く求められる。

9.1.1 レ ス ポ ン ス

レスポンスとはコントローラーなど入力機器で操作して，その操作がゲーム内で反映されたと認識するまでのスピードを指す。例えば，プレイヤーが操作したにもかかわらず，キャラクターに反映するのが遅れていると感じるときや，前のアニメーションが終わるまでつぎの操作ができないと感じた場合，アニメーションが冗長過ぎると考えられる。動作の前後には**予備動作**と**フォロースルー**があり，動きを忠実に再現しようとすると，本来の動きの前に多くの予備動作時間が発生してしまう場合が多い。動作が終了した後のフォロースルーも同様である。

ゲームアニメーションはレスポンスに留意して予備動作を最小限に抑え，フォロースルーはつぎの操作を行った場合にアニメーション再生をキャンセルしてもよいフレームを設定して，すぐに操作できるように構築しておく。また，攻撃等のアクションでは現実の動きよりも速いスピードで調整することが多い。ゲームアニメーションは操作性を第一に考え，現実の時間感覚よりもゲームの時間感覚は遥かに早いことを留意しなければならない。

9.1.2 動きの滑らかさと連続性

動きの滑らかさは映像コンテンツのアニメーションでも求められることであるが，ゲームアニメーションで特に求められる動きの滑らかさは，複数のアニメーションを補間しながら切り替えた際に注意する必要がある。

ゲームアニメーションは待機，歩き，走り，ジャンプなどの動きを断片化して，コントローラーの操作に対応して即時に動きを切り替えることによって，プレイヤーが自由にキャラクターを動かす表現を実現している。動き単体ではなく，どの動き同士をどの部分を使って何フレームで補間して切り替えるか想定しながら，切り替える動き同士で補間しても足の接地感が損なわれていないか，不自然な滑りが発生していないか，動きの滑らかさが損なわれていないかといった点に留意して作成しなければならない。

歩きや走りなど移動を伴いループして使用する動きでも同様に滑らかにループするように注意が必要である。開始/終了のポーズを同一にすると同時にカーブの傾きがループでつなげた場合に連続した滑らかなカーブになるように調整することが必要である。

動きの滑らかさと連続性に留意することが基本であるが，前述したレスポンスと両立することにも留意すべきである。例えば，ダメージを受けるリアクションでは，どのような状況からも発生する可能性があり，キャラクターの状態を素早くプレイヤーに伝える必要がある。急激に変化するような状況はアニメーションを補完する際に補間を掛けない，あるいはアニメーションのキーが飛んだようなつなげ方をする場合もある。

9.1.3　わかりやすさ，シルエット

操作しているキャラクターが，いま何をしているのか，プレイヤーが認識できるアニメーションであることをつねに留意しなければならない。アニメーション作成時にはゲームの画面でのキャラクターの見え方と同じ視点でアニメーションのわかりやすさを判断しなければならない。

キャラクターが何をしているのかわかりやすいアニメーションを目指すにはシルエットに注意する。アニメーションを構成するキーポーズの中にシルエットの状態にしても動きがわかる突出したポーズを適宜入れることで，何をしているのかわかりやすいアニメーションになる。

9.1.4　アニメーションシステムの理解

ゲームアニメーションはアニメーションデータの作成が完了したとしても，それで完成にはならない。意図した通りアニメーションが再現されているか，操作に際して違和感はないか，ゲームシステム上で挙動した状態で確認しなければならない。問題点がある場合には，作成したデータ自体の問題点だけでなく，ゲームシステム上で使用されている表現技術が関連している場合も想定して，問題の原因を特定して対応しなければならない。ゲームアニメーションを担当するアニメーターは，ゲームエンジンのアニメーションシステムを理解して，自身が作成したアニメーションがゲームシステム上でどのように操作されているか認識していなければならない。

9.1.5　汎用性と標準化

ゲームステージでその場に合わせてさまざまなプロップや構造物を無計画に作成していたのでは，すべてのプロップや構造物に対応して個別にアニメーションを作ることになってしまう。例えば，ドアを開けるアニメーションであ

るならば，ドアノブの位置と形状（ドアノブの持ち方に影響する）を決めておけば，一つのドアを開けるアニメーションを作成するだけですべてのドアに対応することができる。この際にアニメーションの対応範囲内でデザインのバリエーションが許容できるように背景やプロップ担当者と協議しておくとよい。

NPCなど沢山のバリエーションが必要となる場合は，男性，女性，成人，老人，子供，標準，大柄小柄などカテゴライズしたモデルを設定して，ボーンの名前や階層構造を統一にすることで，アニメーションを共有，再利用することができる。

9.2　ゲームアニメーション制作のフロー

9.2.1　遷移図とリストの作成

ゲームシステムに実装するアニメーションデータは歩く，座る，アイテムを拾うなど断片的なアニメーションをつなぎ合わせて表現する。ゲームアニメーション制作の最初の工程として，ゲームシステムの仕様に沿ってリストと遷移図を作成する。

リストは図**9.1**(a)のような必要なアニメーションデータとそれに関する詳細（開始/終了ポーズ，使用するキャラクター，アイテムの有無）をまとめたもので，Excelなどのスプレッドシートで作成することが多い。このリストは制作するアニメーションの量を把握してアニメーション作業を分業する際に役に立つ。

遷移図は図(b)のようなプログラムのフローチャートのようなもので，各アニメーションをどのようにつないで一連の動きを表現するか，アニメーションシステムの設計図にもなる。遷移図を基に各アニメーションデータの開始/終了ポーズを把握するにも役立つ。アニメーターやゲームデザイナーが遷移図を作成した場合は，担当プログラマーにもシステム上問題ないかどうか作業に入る前に確認しておくとよい。

(a)　リストの例

優先度	ファイル名	演技内容	キャラ	プロップ	開始 / 終了ポーズ	備　考
A	normal_stand	待機（素手）	汎用		素手基本→素手基本	
A	sword_stand	待機（剣）	汎用	剣	剣基本→剣基本	
A	axe_stand	待機（斧）	汎用	斧	斧基本→斧基本	
B	sword01_attack	剣で切りつけ，ダウン	A	剣	剣構え→剣構え	
B	sword01_down		B	斧	斧構え→ダウン	
B	axe01_attack	斧で切りつけ，ダウン	B	斧	斧構え→斧構え	
B	axe01_down		A	剣	剣構え→ダウン	
C	action01a	剣をまっすぐ上げて呪文詠唱→ジャンプ→前回転→対空から切りつけた後，剣構え	A	剣	剣構え→剣構え	呪文詠唱 ～ その場でジャンプまで
C	action01b					トランポリンでジャンプ，切りつけまで
C	action01c					床で剣構えまでのモーション

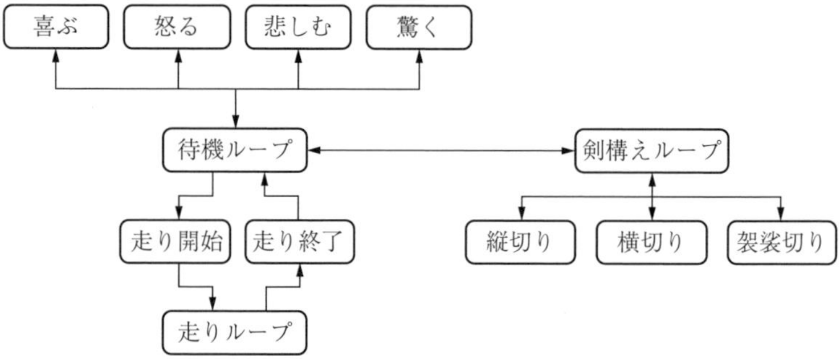

(b)　遷移図の例

図 9.1　リストと遷移図の例

9.2.2　仮アニメーションの制作

ゲームアニメーションの制作はリストや遷移図ができたとしても，いきなり細部まで作り込む本格的なアニメーション制作することはしない。まず，**仮アニメーション**を制作して，プレイヤーが操作するキャラクターのアニメーションの操作性やゲームシステムの妥当性を検証しなければならない。

仮アニメーションはリストや遷移図，ゲーム仕様書に基づいて，ブロッキングからスプラインまで工程を進めたアニメーションデータである。これをゲームシステムに実装して，ゲーム仕様書に基づいたキャラクターのアクションを行える構造物（飛び越える塀や障害物，登るハシゴ，階段，ぶら下がるパイプなど）を配置した検証用ステージで操作性や一連の動きとしてアニメーションに問題ないか検証する。問題がある場合は仮アニメーションを何度も調整したり，遷移図のレベルまで戻ってアニメーションの仕様を再検討する場合もある。

9.2.3　ヒットチェックのアニメーション調整

ゲームキャラクターが環境や攻撃等の外的要因との衝突判定を行うために，キャラクターに**ヒットチェック**を設定することを 8.5 節で解説した。

キャラクターの移動に合わせてヒットチェックも移動しなければならない。部位ごとに設定したヒットチェックは，対応する各関節の**移動値**や**回転値**を参照することで，キャラクターの動きに合わせてヒットチェックを移動することができる。**図 9.2** のように全身を覆うように設定したヒットチェックの場合，キャラクターの状態に合わせて適宜ヒットチェックとキャラクターモデルの相対的な位置を調整する必要がある。基本的にキャラクターを包み込むように移動させればよいが，壁を登る，飛び越える，障害物に隠れるなど，背景と近接

図 9.2　キャラクターの状態とヒットチェックの位置関係の例

する場合は背景のコリジョンと接触しないように位置を調整しなければならない。

9.2.4　ブラッシュアップ

仮アニメーションでの検証が完了して最終的なアニメーションの仕様が決定したら，アニメーションの作り込みに入る。決定した仕様から逸脱しないよう注意しながらキーポーズ，アニメーションカーブの調整，作成していなかった手指などの細部の動きや小物の動きなどを追加，調整する。アニメーションの確認は総合型3DCGツールのプレビュー機能だけでなく，ゲームシステムに実装して実際に操作して確認するように心掛ける。各アニメーションとのつながり部分や，想定外の操作に起因する問題点は総合型3DCGツールでのプレビューで発見することはできない。ゲームシステムとの兼ね合いに起因する場合もあるので，問題が見つかった場合は担当プログラマーと検証を行うこともある。

ゲームアニメーションはイメージ通りのアニメーションデータができれば完成ではない。ゲームシステム上でイメージ通りにキャラクターが動き，プレイヤーが操作して違和感がない状態になって完成したことになる。そのためには総合型3DCGツールでアニメーションを調整して，ゲームシステムに組み込んで確認するという工程を何度も繰り返して完成度を上げていく。

9.2.5　プロップのアニメーション

キャラクターに持たせるプロップは，図**9.3**のようにキャラクターの骨格の一部としてプロップ用のジョイントを作成して，キャラクターのアニメーションの一部として作成，制御することが多い。その際にプロップのジョイントはキャラクターの左右の手首の子供として設定する。このような構造を用いることで，プロップを持ったキャラクターのアニメーションデータを一つのデータで管理することができる。もし，プロップを持っている/持っていない，どちらの動きにも共用したい場合は，手首以下にあるプロップのアニメーションデータ

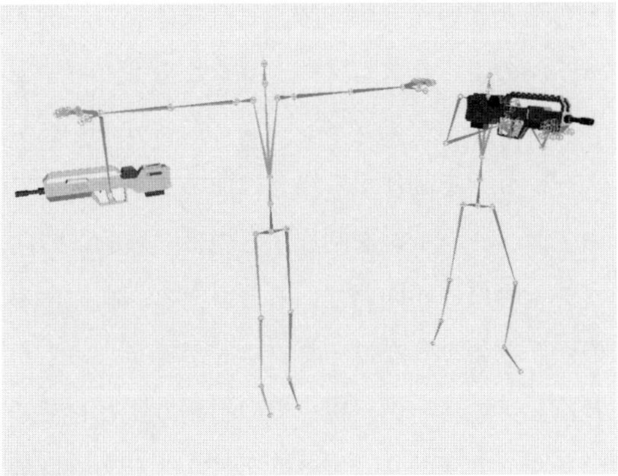

図 9.3 プロップ付きのキャラクタースケルトンの例

を参照しないという処理だけで済むというメリットもある。可動箇所があるプロップの場合は，プロップごとにジョイントの階層構造が異なるため，どのように制作を進めるか，プログラマーと仕様を決めておかなければならない。

9.2.6 乗り物，メカのアニメーション

デザインに使用できるリソースが多くなったことで，乗り物や架空のメカは，サスペンション等のメカニカルな挙動を再現するような複雑に部品同士が連動して動く表現をすることが多くなった。例えば，車の動きをアニメーションさせる場合，一つひとつの部品の動きを個別にコントロールしてアニメーションを作成することは効率的ではない。そこで，車の移動と方向，地面に対する傾きを基にタイヤの回転や車軸の角度，サスペンションの沈み具合などが連動して動く仕組みを総合型 3DCG ツールのスクリプトや IK，コンストレインを使って専用の RIG を構築して，効率的にアニメーションを作成する場合もある。

9.2.7 手付けアニメーションかモーションキャプチャか

アニメーションの制作手法を検討する上で手付けアニメーションとモーショ

ンキャプチャのどちらがよいかという議論に意味はない。例えば，コントラストの強いカートゥーンのようなアニメーションならば，モーションキャプチャを使用するよりキーフレームアニメーションのほうが向いているだろう。2分間のダンスアニメーションを制作する場合は曲のタイミングに合わせてキーフレームでダンスのアニメーションを制作するのは一般的に時間が掛かるため，モーションキャプチャのほうが向いているといえる。制作するアニメーションがどのようなものか，どのようなワークフローが望ましいのか，内容と条件によって選択は変わる。アニメーター視点での判断方法として，アニメーター自身が動きのイメージができており，すべてをアニメーター自身でコントロールすることがよいか，アクションやダンスなど異なる表現分野の専門家と協力してアイデアを出し合い，アニメーションを作ることがよいかという基準で判断することもできる。

9.3　ステートマシン

ステートマシンとは図 **9.4** のようなフローチャートに似た GUI を用いて，アニメーションをコントロールするツールである。ステートマシンを使用することで，個別に作成したキャラクターのアニメーションのつながりとアニメーション間の遷移時の補間方法をグラフィカルに管理することができる。ゲームエンジンやミドルウェアの基本機能やプラグインツールとして提供されている場合が多い。

例えば，待機の**ループアニメーション**から歩きのループアニメーションへ移る場合に補間を何フレーム掛けるか設定する。ステートは複数設定することが可能で歩きながら，上半身だけ別の動きに差し替えるといった機能までサポートしているものもある。

ステートマシンはゲームプログラム上でコントローラー等のデバイスからの入力と関連させる必要もあることから，プログラマーが使用することが多いが，アニメーターの制作環境でアニメーション間の補間設定の検証や作成した

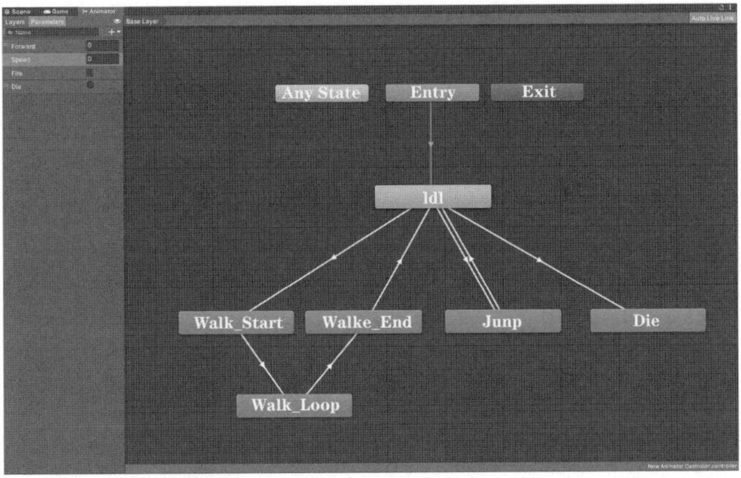

図 9.4　Unity の Animation Controller 画面

アニメーションをゲームシステムに実装して確認したい場合はアニメーターでも基本的なステートマシンの使い方を習得することが推奨される。

9.4　シミュレーション，ラグドール

キャラクターの髪の毛や衣装をキャラクターの動きに連動して揺らす表現はシミュレーションで行うことが一般的になっている。揺らす部分に設定した各ボーンに対して，スプリングの**シミュレーション**を行う。**ミドルウェア**，もしくは**ゲームエンジン**上で回転や移動の限界値や動きやすさ等を設定する。リアルタイムで処理することが重い場合は，総合型 3DCG ツール上で同様な設定を行い，シミュレーション結果をボーンのアニメーションデータとして**ベイク**（**プロット**）して全身のアニメーションと一緒に再生する場合もある。

ラグドール（ragdoll）はキャラクターの関節に対して人体の関節の曲がり方の法則と物理的な挙動を与えた物理シミュレーションである。キャラクターが死亡したり，倒れたりする場合に使用されることが多い。倒れ方をすべての状況に合わせてアニメーションを用意することは難しいが，ラグドールをキャラ

クターに設定することでさまざまな状況に合わせてキャラクターは倒れて，ゲームステージとの挙動をリアルタイムに生成することができる。ラグドールは現実世界での物理挙動をモデル化したものだが，多くのゲームアニメーションは必ずしも現実的な挙動に基づいた動きでない。例えば，大きな打撃を受けて壁に背中から衝突して，ズルズルと倒れ込むという動きをラグドールで表現しようとする場合，大きな衝撃を受けたことを表現すために現実離れしたスピードで壁に衝突させると，衝突の瞬間に関節に破綻が発生したり，大きく跳ね返るなど意図した結果にならない。意識を失ったゲームキャラクターの表現をラグドールだけで表現する例もあるが，意識がある状態から意識をなくす間の微妙な芝居や，倒れた状態のポーズをあらかじめ決めた状態にするという演出を入れるためには，シミュレーションとアニメーションを補間するなどの工夫が必要になる。

9.5　IK によるアニメーション補正

変化に富んだ地形や構造にアニメーションを対応させるためにはゲームシステム上で **IK** を使用する。これは総合型 3DCG ツールにもある機能であるが，ゲームシステムに組み込まれる場合，アニメーターが作成したアニメーションを床等の状況変化に合わせて姿勢を補正するために使用される。

例えば，図 **9.5**(a)のような平地を歩くアニメーションを図(b)のように左右で地面の高さが異なる地形でも足が潜らないように足の位置を補正したり，アニメーション作成時とは異なる場所にある**コンタクトポイント**に手が届くように補正するために使用される。単に手の位置を修正するだけでなく，手の位置の変更だけで手が届かない場合はさらに体幹の姿勢を手が届くように補正する。ある目標物をつねに追跡するように視点や顔の向きを合わせる，あるいは武器の照準を合わせるといった**エイミング**（aiming）をリアルタイムに調整する表現にもこの手法は使用される。

こうしたリアルタイムでアニメーションに姿勢補正を掛けることが予定され

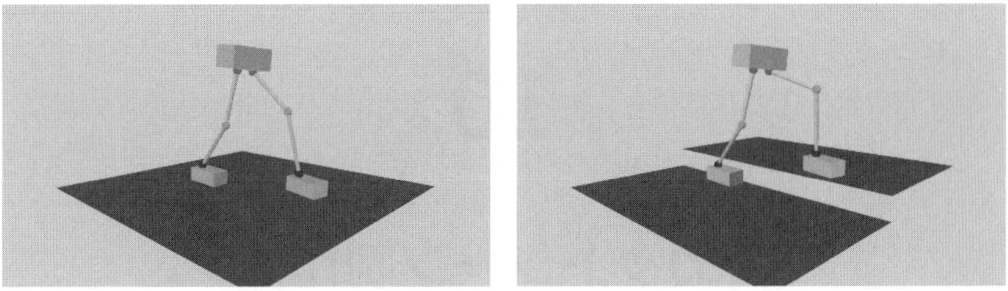

(a)　平地を歩いている状態　　(b)　地面に段差がある場合

図 9.5　IK によるアニメーション補正の例

ている場合，アニメーターはどのくらいの補正幅が想定されるのか把握して，アニメーションを制作しなければならない。一つのアニメーションでカバーできない場合は，状況に合わせて複数のアニメーションの切替えと姿勢補正の組合せを提案するといったことも必要である。

9.6　アニメーションデータ圧縮

ハードウェアの進化とともに多彩なゲームアニメーションを表現できるような環境が整えられてきているが，それでも，使用メモリ容量を気にすることなく，アニメーションデータを作成できるとは限らない。制作前にゲームに必要なアニメーションをリストアップし，おおよそのデータ容量と使用できる予定のメモリ容量に大きな差がある場合には，制作開始時点でアニメーションデータの圧縮を検討しなければならない。

完成したアニメーションデータに圧縮を掛けると，変化量の少ない箇所からキーデータが間引かれていく。間引かれる量が大きいほど容量はコンパクトになるが，作成したアニメーションの再現度は失われることになる。アニメーションデータ圧縮を検討する際には，アニメーションごとにクオリティの優先度を設定して，優先度が高いアニメーションは圧縮率を低く押さえるなどバランスを取ったデータ圧縮をしなければならない。アニメーションの圧縮結果の確認はゲームシステム上で実際に操作，再生して行うようにする。

第 10 章

カットシーン制作

本章ではカットシーンの制作について解説する。カットシーンはキャラクターがストーリーに沿った芝居を行い，これをカメラで適宜とらえて構成する映像表現である。本章ではカットシーン制作に特に重要となるカメラワーク，カットつなぎについて解説する。なお，キャラクターの演技は 5 章 アニメーションと 9 章 ゲームアニメーション制作で解説した。本章では，カットシーンで使用することが多いキャラクターのフェイシャルアニメーションについて補足解説する。

10.1　カットシーンに求められること

カットシーンとはゲームとゲームの間に挟まれる映像表現で，映像によってゲームの中で展開されるストーリーを進めるという演出の役割以外に，これからプレイするゲームステージの状況やプレイヤーが現在おかれている状況，ゲームのヒントとなるものを映像で見せる等，ゲームプレイだけではわかりにくい情報をプレイヤーに提示する役割がある。

カットシーンはプレイヤーの操作が一時的に無効化されることと何度も似た映像をプレイヤーが見せられるような状況になりうることに留意しなければならない。カットシーンは映像表現であり，制作にあたっては適切に情報を伝えるためのカメラワークやカットワークなど映像制作の技法や理論を理解する必要がある。

10.2 カメラワーク

ゲーム中ではカメラはプレイヤー自らプレイしやすいように設定する，あるいはゲームシステムによって自動で操作されるが，カットシーンでは映像を通して情報が適切にプレイヤーに伝わるようカメラを作り手がコントロールしなければならない。CGのカメラは実体がなく，現実のカメラよりも自由度は高いが，カメラ設定の考え方や映像表現のための理論は現実のカメラを踏襲している。

10.2.1 画　　角

カメラのレンズは**焦点距離**によって見え方が異なる。現実のカメラではレンズの種類をレンズの中心から結像する焦点までの距離をmm単位で表す焦点距離によって図**10.1**のようにいくつかの種類に分類している。焦点距離が短いほど映像に収める範囲は広くなり，長いほど映像に収める範囲は狭くなる。

CGではパラメータとして焦点距離の代わりに**画角**（field of view, FOV）を使用する場合が多い。画角には**水平画角**，**垂直画角**，**対角画角**があり，ソフトウェアによって使用している画角が異なる場合があるので，複数のソフトウェア間でカメラ情報をやりとりする場合には注意が必要である。以下は焦点距離，水平画角を基にレンズの種類を分類したものである。なお，焦点距離の値が大きくなるほど，水平画角の値は小さくなる。

〔**1**〕 **標準レンズ**（焦点距離：50 mm　水平画角：40°）　標準レンズは人の視野に近い画角とされている。

〔**2**〕 **広角レンズ**（焦点距離：～35 mm　水平画角：～54°）　標準レンズより画角が広く，広い範囲を画面に収めることができ，遠近感が強調される。画角が広すぎると歪みが目立つ場合もあるので注意が必要である。

〔**3**〕 **中望遠レンズ**（焦点距離：85～105 mm　水平画角：24～19°）　後述の望遠レンズより圧縮効果が弱く，被写界深度が浅めで背景がボケやす

(a)　標準レンズ

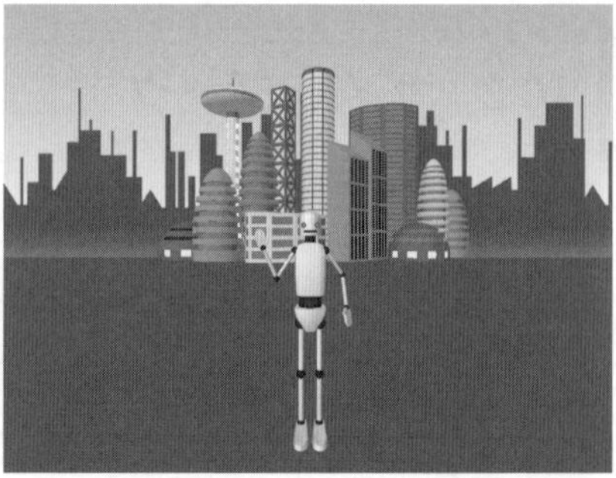

(b)　広角レンズ

(c)　中望遠レンズ

(d)　望遠レンズ

図 10.1　画角の違い

い。ポートレート的な絵作りに向いている。

〔**4**〕 **望遠レンズ**（焦点距離：135 ～ 300 mm　水平画角：15 ～ 7°）　圧縮効果によって，遠くのものを引き寄せて画面に収めたような絵作りができる。被写界深度が浅いため，被写体のみにピントを合わせ，手前や背景をぼかした絵作りができる。

10.2.2 被写界深度

被写体にピントを合わせたときに被写体の前後でピントがあっている範囲を**被写界深度**という。被写体の前後をぼかすことで，被写体を強調して見せることができる。被写界深度はカメラと被写体との**距離**，**画角**，**絞り**によって決まる。

例えば，**図 10.2**(a)と図(b)は同じカメラ位置，画角で撮影したもので絞りの設定を変えて撮影したものである。図(a)はピントが合っている範囲が広く，これを**被写界深度が深い**という。図(b)はピントが合っている範囲が狭く，**被写界深度が浅い**という。

(a)　被写界深度が深い例　　(b)　被写界深度が浅い例

図 10.2　被写界深度の例

被写界深度は以下の法則の組合せによって深さが決まる。

・カメラと被写体の距離が短いほどピントが合う範囲が狭くなる。
・カメラと被写体の距離が長いほどピントが合う範囲が広くなる。
・画角が狭いほど被写界深度は浅くなりピントが合う範囲が狭くなる。
・画角が広いほど被写界深度は深くなりピントが合う範囲が広くなる。
・絞りを開けるほど被写界深度は浅くなりピントが合う範囲が狭くなる。
・絞りを絞るほど被写界深度は深くなりピントが合う範囲が広くなる。

現実のカメラでは一般的にピントを合わせた位置から範囲の距離が手前に1，奥に2の比率になる。CGでは**DOF**（depth of filed）と呼ばれるパラメータで，現実のカメラと同様に被写体とカメラの距離，画角，絞りの組合せを設定することが多い。また，意図的に被写界深度を無効にすることもできる。

10.2.3　圧　縮　効　果

圧縮効果は望遠レンズで得られる効果で，遠近感が弱まることで手前の被写体と奥の被写体のサイズの違いが少なくなり，接近して見えるような効果をいう。例えば，広角のカメラと望遠のカメラで同じ撮影対象（ここではビル群）を画面で同じ大きさにとらえようとした場合，画角が広いカメラが図 **10.3**(a)のようなイメージに対して，画角が狭いカメラは図(b)のように背景に映る範囲が狭くなり，前後の遠近感が弱まって平面的なイメージになる。

(a)　画角が広いカメラ　　(b)　画角が狭いカメラ

図 10.3　圧縮効果の例

10.2.4　ショットサイズ

映像は**クローズアップショット**，**ミディアムショット**，**フルショット**の三つの**ショットサイズ**を組み合わせて構成されている。クローズアップショットは画面に収める対象物に最も近い距離に寄ったショットで，キャラクターの場合は首から上を画面に収め，心理状態や感情表現を表現する場合に使用する。ミディアムショットはキャラクターの動きと表情を同時に収めるくらいに距離が離れる。数名のキャラクターを収めることでそれぞれの位置関係を表現することができる。フルショットはキャラクターと周りの背景を画面に収めたショットで，映像だけで状況を説明することができる。それぞれのショットは相互に補うものであり，ショットを組み合わせることによってわかりやすい映像を表現することができる。また，キャラクター以外のものにもショットサイズを設定する場合もある。

例えば，図 **10.4** のように展望タワーの中の人が見えるサイズをクローズ

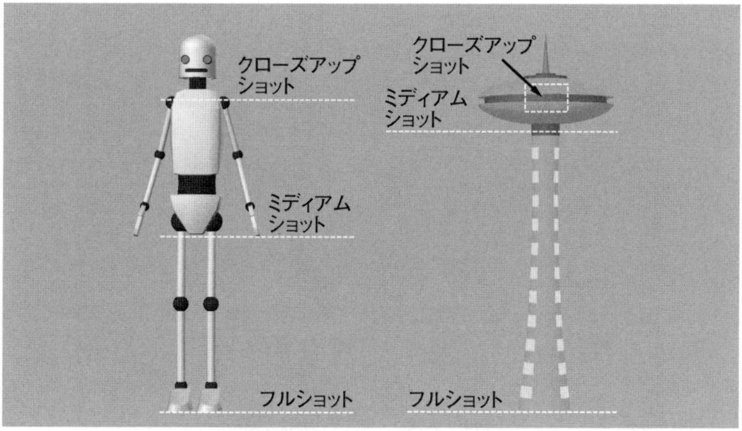

図 10.4 ショットサイズの例

アップショット，展望台部分全体を見せるサイズをミディアムショット，タワー全体を収めるサイズをフルショットと設定することができる。各ショットサイズの定義と対象物でのとらえ方を踏まえてショットサイズは決まる。

10.2.5 イマジナリーライン

イマジナリーラインとは一連のシーンにおいてカットを分ける場合のカメラを配置するルールの基準となるものである。例えば，**図 10.5**(a)のようにキャラクターAとBが対面で会話するシーンにおいて，キャラクターAとBを結んだ線がイマジナリーラインとなる。シーンが変わらない限り，カメラはイマジナリーラインを超えてはならないのが原則である。

イマジナリーラインのルールに従って配置したカメラを図(b)のようにABCの順につなぐと2人のキャラクターを収めたAの位置関係がB，Cでも維持されている。これをCの代わりにC′をつなぐと，図(c)のように位置関係に矛盾が発生して混乱の原因となる。

カメラはキャラクターをそれぞれ正面からとらえる，真横からとらえる，肩越しに相手をとらえるなど，表現する意図によって，イマジナリーラインを超えない限り自由に配置することができる。

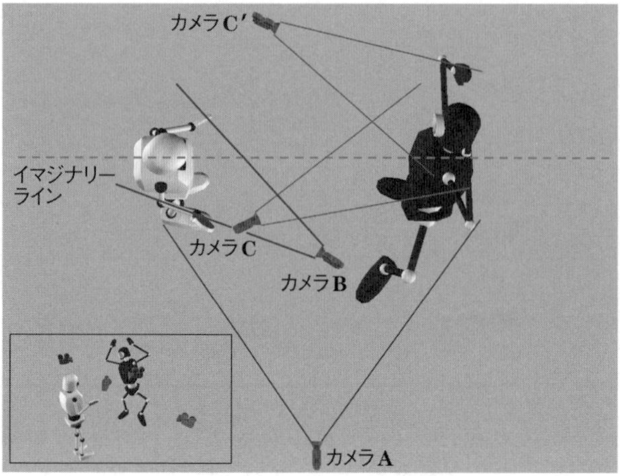

(a) カメラの配置図

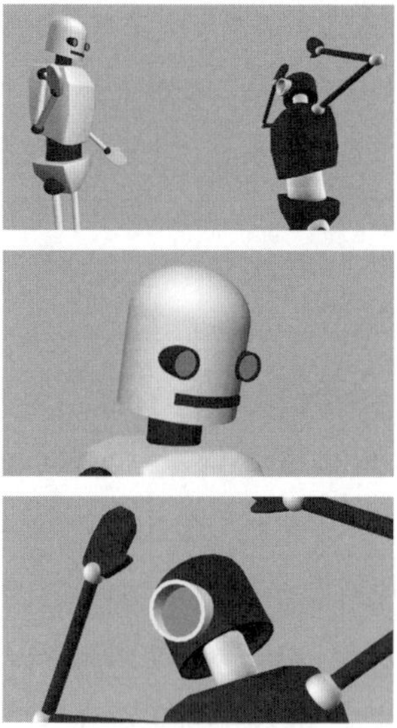

(b) A → B → C の映像

(c) A → B → C′ の映像

図 10.5　イマジナリーラインの例

10.2.6　カメラオペレーション

カメラの動かし方には以下のような種類がある。CG のカメラには大きさや動き，スピードに制限がない。また，以下の動きをコントロールする際に直接カメラをアニメーションするほかに**階層構造**や**コンストレイン**を用いて**カメラRIG**を作成して複雑な動きをコントロールすることもできる。

〔1〕 パ　　ン　　図 **10.6** のように地面と平行に横回転させることを**パン**という。画面に収まりきらない広々とした景色を見せる場合などに使用する。

図 10.6　パンの例

〔2〕 ティルト　　パンに対して図 **10.7** のようにカメラを垂直に縦回転させることを**ティルト**という。画面に収まらない高い対象物をとらえる場合に使用する。例えば，巨大な構造物やモンスターをなるべく近くから広角で下から上にティルトすると，奥行が強調されて威圧的な表現になる。とらえる対象

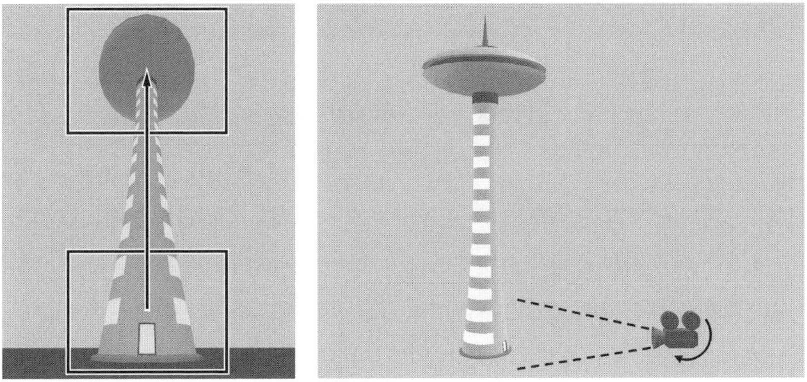

(a)　ティルトによる見え方の例　　(b)　ティルトのカメラの動き

図 10.7　ティルトの例

の動きによってパンとティルトを組み合わせて使用する場合もある。

〔**3**〕 **トラッキングショット**　カメラが図 **10.8**(a)のように被写体の動きに合わせて空間を自由に動き回るショットを**トラッキングショット**という。**カット割り**せずにキャラクターの動きや周りの状況を変化させながらストーリーを表現することができる。現実のカメラでは四輪のタイヤが付いた**ドリー**という撮影台やクレーン，振動を吸収する特殊なアームが付いたカメラ保持装置を使用する。カメラを上に移動する動きを**クレーンアップ**，下に移動する動きを**クレーンダウン**，被写体にカメラを近づける動きを**ドリーイン**，被写体からカメラを遠ざける動きを**ドリーアウト**という（図(b)）。CG の場合はカメラをキーフレームで制御するほかに**パスアニメーション**でパスラインに沿ってカメラを制御することができる。また，撮影対象物をつねにフレーミングするように Aim（Look At）コンストレインでカメラの回転を制御することも可能である。

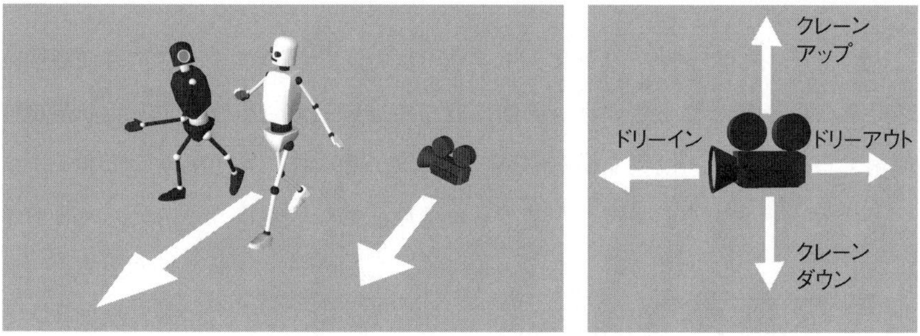

(a)　トラッキングショットの例　　(b)　クレーン / ドリーの動き

図 10.8　トラッキングショット

〔**4**〕 **ズ　ー　ム**　例えば，キャラクターと周りの背景を画面に収めたフルショットから素早く画角を狭くして，キャラクターに寄ることでキャラクターの現在位置を説明することができる。その逆にキャラクターのクローズアップから素早く画角を広くすることで，キャラクターの周りの背景が画面に入り，キャラクターが置かれている状況を説明することができる。前者を**ズームイン**，後者を**ズームアウト**という。

ズームはカメラが直線的に被写体に近づく，離れる動きの代わりに使用する場合があるが，例えば，ズームでキャラクターに寄ると，**図 10.9** のように背景は引いた画面から寄った部分を切り出したように同じ倍率になる。対して画角を変えずにカメラがキャラクターに寄るドリーインの場合，カメラから遠く離れている背景ほど変化が少なくなる。同じ大きさで被写体をとらえる場合でも背景の見え方に違いがあることを留意しなければならない。

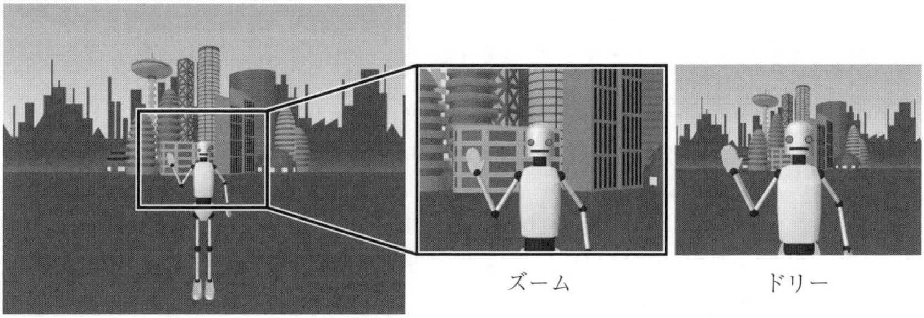

ズーム　　ドリー

図 10.9　ズームとドリーの違い

〔**5**〕　**フォーカス送り**　　**図 10.10**(a)から図(b)のようにカメラのピントをある撮影対象からほかの対象に変化させることで，カメラを固定した状態で視点を誘導することができる。被写界深度の効果を使って表現するほかに，対象物をレイヤーを分けて，レンダリングした画像をポスト処理で擬似的にぼかしの処理を加えて合成する方法もある。

(a)　奥にフォーカス　　(b)　手前にフォーカス

図 10.10　フォーカス送りの例

10.3 カットつなぎ

カットつなぎはカット同士を効果的につなげてストーリーを展開させていく役割がある。**プリレンダリング**でカットシーンを作成する場合は，レンダリングした映像を Premiere 等の映像編集ソフトを使用してストーリーを持った映像に編集することになるが，リアルタイム CG でカットシーンを作成する場合は，映像は逐次レンダリングされるので，シーンに複数設置したカメラの切替えタイミングを調整して一連の映像を表現することになる。どちらであっても，カット同士を効果的につなげてストーリーを展開させていくという役割に変わりはない。

10.3.1 連続性を維持する

違和感や混乱を持たせないカットシーンを作成するためには，まずカットをつなげたときに時間や空間の連続性を維持することに留意しなければならない。基本的に時間は順方向に進んでいくものであり，過去の回想などシーンの時間から逆行する，別の時間の流れや場所に切り替わる場合は後述するカットのつなぎ方を工夫する必要がある。

つぎにつなげるカットの方向に注意する必要がある。例えば，移動する 2 人のキャラクターをそれぞれ真横からとらえたカットで，図 **10.11**(a)のように同じ方向を向いているカット同士をつなげると，2 人のキャラクターは同じ方向に向かって移動しているように見えるが，図(b)のように一方が反対の方向を向いているカットをつなげると，2 人のキャラクターは互いの距離を縮めているように見える。

カット間でショットサイズが変わる場合にも注意が必要である。例えば，状況説明として図 **10.12**(a)のようにロングショットでキャラクターがいる風景のカットに続けてキャラクターをとらえたカットにつなげると，ロングショットのカットはキャラクターの存在場所を示すカットとして機能しなくなってし

(a) 同じ方向へ走っている

(b) 互いの距離を縮めている

図 10.11 連続性の例

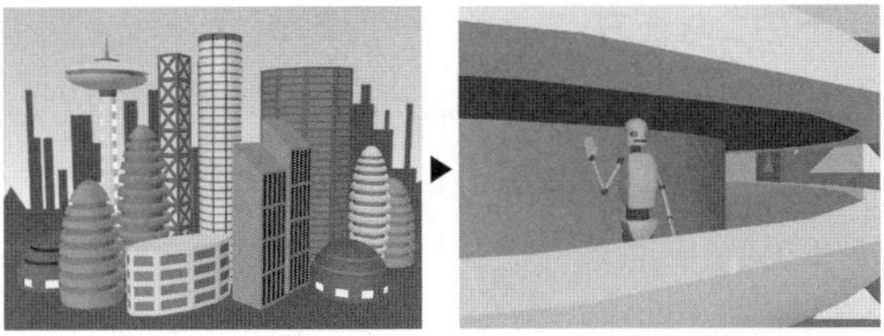

(a) ロングショットからクローズショットにつなげた例

(b) ロングショット，ミディアムショット，クローズショットをつなげた例

図 10.12 ショットサイズの変化例

まう。

図(b)のようにロングショットとクローズアップショットの間に背景とキャラクターの位置関係がわかるミディアムショットを挟むことで空間の連続性を維持できる。

10.3.2 リズムをつくる

音楽と同様に映像にもリズムがある。映像で伝える内容や演出意図によって，テンポを早くする，ゆったりと流れるような展開を挟むなどメリハリを付けることが重要である。カットを出来事に沿って並べただけでは冗長でリズム感の弱い映像になってしまう。ゲームのカットシーンはカットごとにアセットやカメラを配置してエフェクト処理を加えるなど，出来上がるまでに時間と労力が掛かることが多いが，「せっかく作ったカットだから」という気持ちを捨てて，使用するカットの範囲を厳選してテンポの良い映像展開にしなければならない。

10.3.3 カットのつなぎ方

カットのつなぎ方にはいくつかの種類があるが，それぞれが持つ効果に留意して適切なカットのつなぎ方を使用する必要がある。

〔**1**〕 **カットつなぎ**　前のカットから続くカットを単純に切り替えるもので，カット間に時間の経過や場所の移動等の理由がない限りは，カットつなぎでカットをつなげるのが基本である。前述の映像の連続性やリズムに留意してカット同士が自然につながるようにしなければならない。

〔**2**〕 **ディゾルブ**　図 **10.13** のように前のカットにつぎのカットが重なりながら切り替わるカットのつなぎ方をディゾルブという。**クロスフェード**，**オーバーラップ**ともいう。前のカットからつぎのカットに関して時間が経過している，あるいは別の場所に移動していることを表現する場合などに使用される。

〔**3**〕 **フェードインとフェードアウト**　図 **10.14** のように画面が真っ暗

図 10.13　ディゾルブの例

(a)　フェードイン

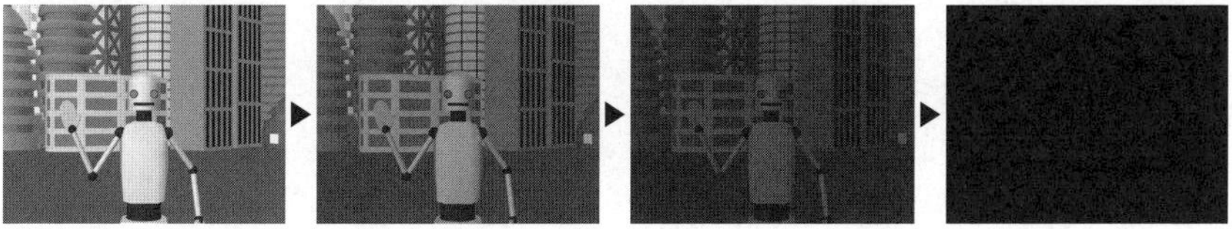

(b)　フェードアウト

図 10.14　フェードイン，フェードアウトの例

な状態から徐々に明るくなり，映像が見えてくるカットのつなぎ方を**フェードイン**，画面が徐々に暗くなり最終的には真っ暗になるカットのつなぎ方を**フェードアウト**という。これらは一つのシーンに区切りを付けて，時間の経過やストーリーの切替りに使用される。

〔**4**〕　**カットバック**　　**図 10.15** のように二つ以上の場面のカットを交互につなぐ手法を**カットバック**という。同時刻に起きているカットを短く交互につないで緊迫感を演出するために使用されることが多い。例えば，剣を構えて互いに走り寄り振りかぶる様子を交互に見せることで，緊張感を高めてこれから始まる戦いの演出につなげるといった使い方をする。

〔**5**〕　**ジャンプカット**　　アクションを一連の動きを続けて見せるのではなく，アクションの基本部分だけをつなげる手法を**ジャンプカット**という。例えば，**図 10.16**(a)のように弓を引いて矢を放ち，的に刺さるまでの一連のカットを「弓を引いて矢を放つ」カットの直後に「的に刺さった矢」のカットに切

図 10.15　カットバックの例

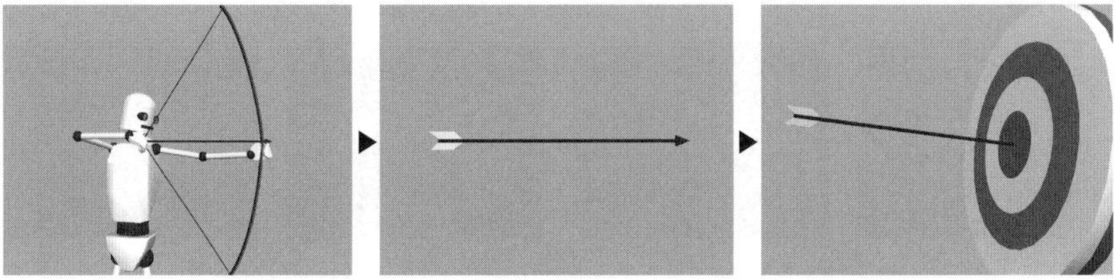

(a)　一連の動きをつなげた例

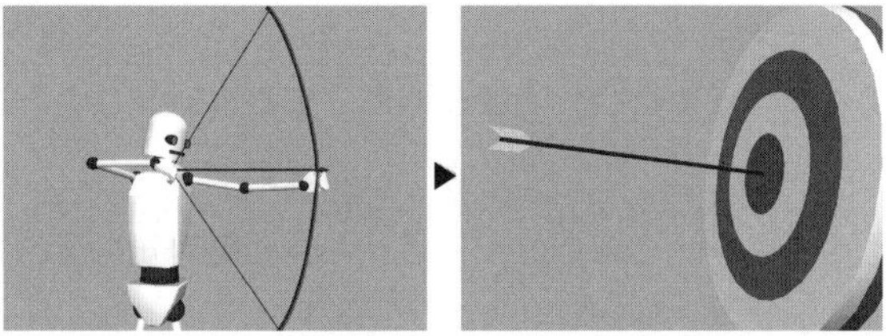

(b)　カットを省略した例

図 10.16　ジャンプカットの例

り替えることで冗長にはならず，放たれた矢のスピード感を表現することができる。

〔**6**〕 **アクション編集**　　**アクション編集**は一連の動きでカットを変える場合に使用する。例えば，図 **10.17**(a)のようにボールを投げる一連の動きを同じショットでとらえた場合に対して，図(b)のように一連の動きを異なるショットでとらえてつなげると冗長さを回避することができる。アクション編

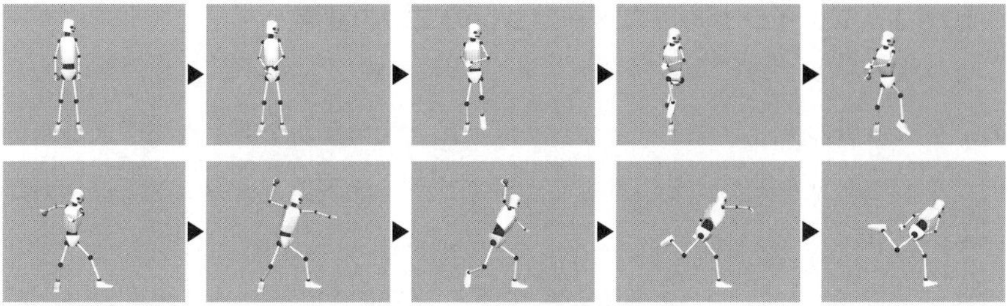

(a)　同じショットで見せた場合

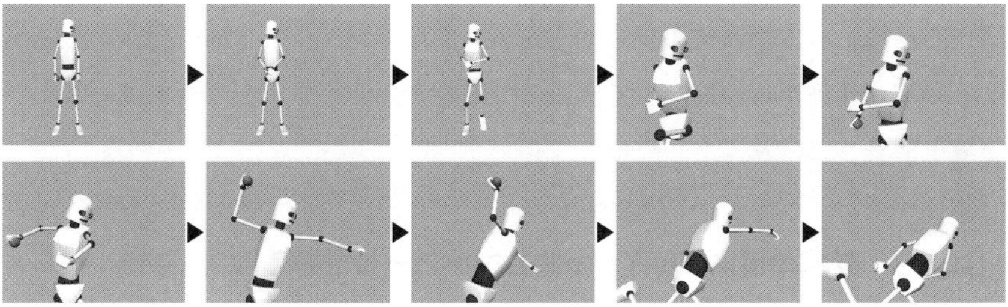

(b)　異なるショットをつなげて見せた場合

図 10.17　アクション編集の例

集ではカット間で動きが重なって見えたり，飛んで見えたりしないように注意が必要である。そのために7：3あるいは3：7の割合でつなげることが基本になっている。

10.4　フェイシャル

フェイシャルアニメーションを用いてキャラクターの感情表現を行うことは，カットシーンならではのゲームのストーリー性に深みを持たせる効果的な表現手法である。フェイシャル表現はキャラクターの身体表現と同程度の情報量を持ち，効果的にコントロールするためには，フェイシャルアニメーション特有の**RIG 構造**や原理に加えて，人の感情の現れ方の原理や声を発する際の唇の動きの観察などへの理解が必要である。

10.4.1　フェイシャルアニメーションの二つの要素

カットシーンでは，キャラクターの感情を表現するシーンが多い。そのため，ゲーム用のキャラクターモデルとは別に，表情豊かな顔を表現できる高精度なフェイシャルモデルを用意して，**フェイシャルアニメーション**を行う場合が多い。

フェイシャルには二つの要素が存在する。喜怒哀楽などの感情を表現する**フェイシャル**と言葉を話す口の動きの**リップシンク**である。この二つの要素は演技内容によって相互に影響を与えるが，フェイシャルアニメーションを表現する環境を構築するにあたっては，二つの要素を切り分けてコントロールする環境を構築しなければならない。

10.4.2　効率の良いフェイシャルコントロールを考える

顔をアニメーションさせる仕組みには**シェイプアニメーション**とボーンによる**スキン変形アニメーション**の二つの方法がある。

シェイプアニメーションは用意したシェイプオブジェクトの数だけブレンドパラメータが存在する。ボーンによるスキン変形アニメーションは顔に設定したボーンをそれぞれ個別に動かすことができる。どちらも表情をアニメーションする都度，大量のパラメータを個別にコントロールするのは効率が悪い。そこで，笑い，悲しみ，怒りなどの表情のカテゴリやまばたきなど頻繁に使う表情のパラメータの組合せをプリセットとして登録してコントロールするとよい。大まかな表情付けを**プリセット**で設定した後に個々のパラメータで細かな調整を行う。

プリセットの注意点としてあまり具体的に細かな部分まで設定してしまうと，調整が行いにくくなるので，あくまでベースとなる程度にとどめておくと汎用性があって使用しやすい。また，シェイプアニメーションではシェイプ自体を怒り，悲しみなど表情の種類を登録することを考えがちだが，鼻孔を広げる，眉間を寄せるなど各部位に分解してシェイプキーを作成すると汎用性の高いものになる。

10.4.3　感情の変化

キャラクターの感情変化のスピードは一定ではない。人間や動物が持つ基本的な感情を**図 10.18** のように喜び，信頼，恐れ，驚き，悲しみ，嫌悪，怒り，期待の八つに分類し，それらを円環状に並べた**感情の輪**（wheel of emotions）という感情モデルがある（1980 年ロバート・プルチックの提唱。これらの感情が混ざり合わさることで，より複雑な感情が生まれるとされている）。

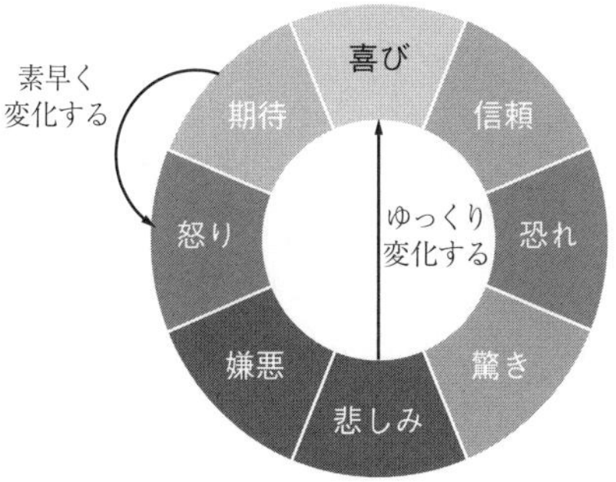

図 10.18　感情の輪

八つの基本的な感情を並べた輪では対面に位置する感情同士は対の関係にあり，それらの感情の間では簡単に変化しないとされている。つまり，感情の輪で対面に位置する感情への変化には時間が掛かり，位置が近い関係にある感情ほど変化の時間が短くなる。例えば，「期待」から「怒り」へは素早く感情変化して，「悲しみ」から「喜び」へはゆっくり感情変化する。フェイシャルアニメーションでは，使用する表情だけでなく感情の移り変わりのスピードにも留意する必要がある。

10.4.4　リップシンク

リップシンクはキャラクターの音声に連動して唇およびその周辺，関連する部位をアニメーションさせる手法である。発生する際の唇と関連する部位の**キーポーズ**を事前に作成して，セリフに合わせてキーポーズを配置，フレーム間の動きを調整する。また，喜怒哀楽などの感情表現はストーリーやセリフ内容を踏まえてアニメーターがキーフレームでコントロールすることになる。

リップシンク用のキーポーズを設定する場合は口の形だけでなく，顎が動いていること，その影響で首筋にも動きがあることに注意する。

リップシンクを効率的に作成するためにさまざまなツールが開発されている。例えば，音声データを基に作成したキーポーズを自動で設定するものや，音声データに加えて音声内容を記述したテキストデータで精度を高めたもの，音声データを口の縦方向，横方向，唇の尖らせ具合のパラメータに変換するものなどがある。どの方式を使用する場合でも，自動で配置されたキーフレームだけでリップシンクは完成しない。音によっては一つのポーズで表現できないものもある。例えば，「パ」のような破裂音は口を閉じた状態から口を開けて発音する。ポーズとポーズの間を単に補完するだけでなく中間のポーズが必要になる場合もある。鏡の前でセリフを実際に喋って口の形を確認する，あるいはビデオに収録して，作成したリップシンクと比較しながら作成するとよい。

10.4.5　フェイシャルキャプチャ

フェイシャルキャプチャは顔の動きをモーションキャプチャするもので，図**10.19**のようなフェイスカメラを装着し，顔の特徴点を基に顔の動きをデジタルデータ化する手法である。顔に極小の反射マーカーと取り付けた光学式や顔認識を応用して目や口の動きを画像からデータ化するものなど，さまざまな方式がある。フェイシャルキャプチャは役者のセリフによる口の動きと表情を一

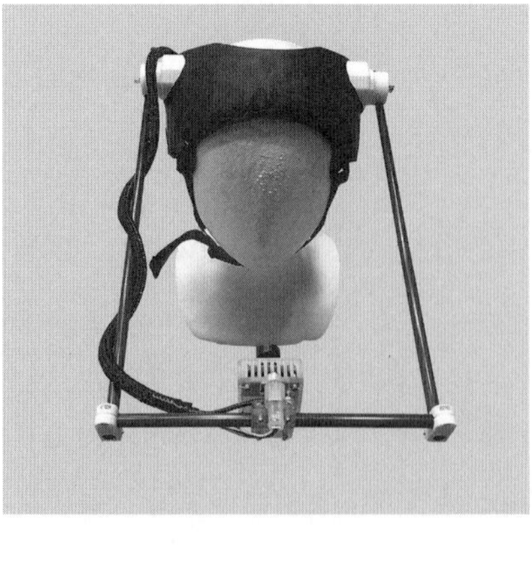

図 10.19　フェイスカメラ
〔提供：株式会社クレッセント〕

度にデータ化することができる。

こうした新しい技術を導入すれば，キャラクターデザイン/モデリングにおいて表情のデザインが不要になると思われがちだが，モーションキャプチャはマーカーを付けた部位の空間の移動量をキャラクターで再現するものであり，人物が演じる表情が必ずしも，キャラクターデザイナーが想定しているキャラクターの個性や感情表現にマッチしたものになるとは限らない。

海外の AAA タイトルではフェイシャルキャプチャ（**パフォーマンスキャプチャ**の場合が多い）を利用する場合，配役する役者の動き，表情だけでなく，容姿もそっくりそのまま取り入れたキャラクターデザインを用いる場合が多い。この場合，役者の演じた表情＝キャラクターの表情となり，相違がなくなるので，外観上の違いから生じるキャラクターの個性に合わないという問題は発生しない。一方で，実演者の顔の変位を**表情ライブラリ**として登録し，同様にカテゴライズしたキャラクターの表情形状にマッピングするという技術を取り入れたフェイシャルキャプチャツールが新たに登場している。

日本国内においては，キャラクターデザイン，ボイス，モーションキャプチャ等，各要素をバラバラに収録して組み合わせてキャラクターを表現するフローが一般的なので，フェイシャルキャプチャを用いる場合は，フローに合ったフェイシャルキャプチャシステムを検討する必要がある。

10.5 カットシーンの方式

カットシーンはゲーム内のアセットと**グラフィックシステム**を応用してリアルタイムに映像を作成する**リアルタイム CG** と事前にレンダリングを行った映像をムービーとして再生する**プリレンダリング**の二つの方法に大きく分かれる。

プリレンダリングの場合，ムービーを再生するための条件以外にハードウェア的な制限を気にする必要がない。CG の表現技法に対する制限もないので制作の自由度が高い。しかし，制作にあたってはゲーム内のアセットとは別にプリレンダリングに適したモデルやアニメーションを制作するため，ゲーム制作チームとは別のムービーチームやCG制作プロダクションに依頼して取り組む場合が多い。また，レンダリング時間が掛かるため，開発途中で映像演出の内容が変わった場合にリアルタイムCGと比較して柔軟に対応することが難しい。

リアルタイムCGの場合，ゲーム内のアセットをそのまま利用することはできるが，フェイシャル用のモデルやゲーム中では想定していない背景の見せ方等の理由で，カットシーン用にアセットを作成する場合があることを考えておかなければならない。また，リアルタイムCGではすべてのデータをメモリにロードする必要があるため，技術やハードの制約に留意して表現方法や制作方法を検討する必要がある。

どちらの方式にもメリット，デメリットはあるため，演出内容の複雑さや各カットシーンの役割に応じてカットシーンごとにリアルタイムCGとプリレンダリングを使い分ける場合もある。

10.6　カットシーン制作のフロー

図 10.20 はカットシーンの基本的な制作フローである。カットシーンの制作に取り掛かる時点でシナリオ，絵コンテが完成しており，ゲームシーケンスとのつながりの仕様が決まっているのが理想であるが，制作の途中段階を確認した上で，カットシーンの追加や内容の変更が発生することもある。プリレンダリングとリアルタイムを組み合わせてカットシーンを制作している場合，手法をどちらかに切り替える場合もある。カットシーンの制作では，制作する内容と計画を明確に決めておくと同時に柔軟に対応できる体制や余力を持たせることが求められる。

モーションキャプチャを使用する場合はプリプロダクションの段階で香盤表（10.6.3項で解説）を作成しておく必要がある。モーションキャプチャを使用しない場合は，モーションリストを基にアニメーション制作に着手することができる。

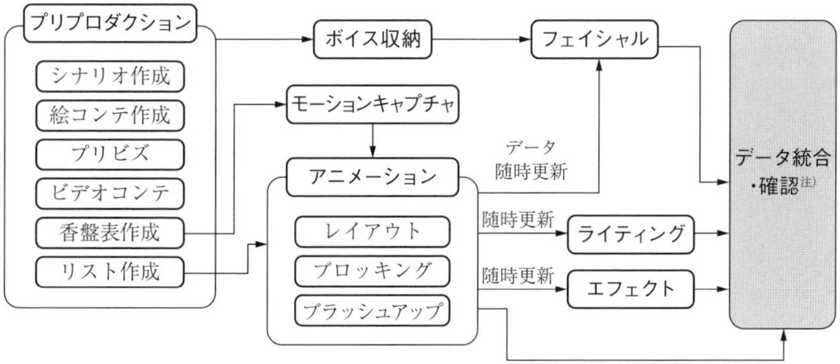

注）シーンを構成するすべてのデータをゲームエンジンで統合，確認する。
演出やグラフィック表現に問題がある場合は修正，確認を繰り返す。

図 10.20　カットシーン制作フローの例

なお，本節ではリアルタイム CG で表現するカットシーンを想定して基本的な制作フローを解説する。

10.6.1　プリビズ，コンテムービー

プリビズ（previz）とは **プリビジュアリゼーション**（previsualization）の略語で，カメラワークやキャラクター配置，エフェクトやカット割りなどを事前に決定するために簡素な CG モデルでカットシーンと同様の映像を作成する工程である。プリビズは事前に各カットで必要な素材のリストアップを正確に行うことができるが，カットシーンの総尺が長い場合は時間の掛かる作業となる。大まかな動きやタイミングの把握だけを目的とする場合はコンテムービーを作成する。コンテムービーとは，絵コンテのイメージを素材にて簡易的に作成した映像である。各カットの長さや切り替わるタイミングなどは完成イメージに合わせて作成するので，おおよその全体像を把握することができる。

10.6.2　モーションリスト

プリビズやコンテムービーを基にモーションリストを作成しておく。モーションリストはカットごとに使用するアニメーションをリスト化したもので，

表 10.1 のようなスプレッドシートにカットシーンのカット名や使用するアニメーションファイル名が記載されたものである。わかりやすいように絵コンテのイメージや各キャラクターに持たせるプロップ，使用するモデル名が記載される場合もあるが，明確なフォーマットはなく，シーンをゼロから構築するときに使用するアセットを把握しやすくする，シーンやカットを参照しやすいなどプロジェクトの使い勝手を考慮してフォーマットが決められている。

カットごとにアニメーションを分けてリストを作成するのが基本だが，演技内容によっては数カット分のアニメーションを一つにまとめたほうが制作しやすい場合もあるので，絵コンテに沿って機械的にカット単位でアニメーションを分けるだけでなく，アニメーターの意見を取り入れて，アニメーション作成や後の修正のしやすさを考慮したリストを作成する必要がある。

10.6.3　モーションキャプチャ

モーションキャプチャをアニメーション制作の時間短縮を目的に使用することは推奨できない。モーションキャプチャは人の動きをその場でデータ化することはできるが，演技に長けた実演者でなければキャラクターらしく演じた動きを得ることはできない。またキャラクターがどのように振る舞うのか実演者が理解するためには，ゲームの世界観やキャラクターのプロフィールなど多くの資料と制作側との打合せの時間が必要となる。そのため，モーションキャプチャは撮影に入る前の準備に多くの時間が掛かることになる。しかし，こうした準備期間に時間を費やすことによって，アニメーション制作で何度もリテイクすることなしに演技内容を明確にできるのがモーションキャプチャの利点ともいえる。

効率良くモーションキャプチャを撮影するためには**香盤表**を作成する。香盤表とは**表 10.2** のような撮影において撮影の準備や休憩などにどのくらいの時間を割り当て，どのカットを何時から何時までに撮影し，その撮影にはどの役者が出演するのか等の撮影スケジュールとモーションリストを組み合わせた撮影進行表である。モーションキャプチャの撮影においては，限られた時間内に

表 10.1 モーションリストの例

シーンNo	優先度	撮影番号	Take	納品ファイル名	絵コンテ	キャラ	プロップ	アクター	セリフ
001_01	A	001		S001_C01_GAI		GAI	剣	ActorA	片手でHIRを抱えて襲いかかる兵士を切り倒す 兵士A 「########」 兵士B 「########」 JYU（OFF） 「#########」 ※抱えているHIRは人形を使用します。ポーズが収録できればOKです。
				S001_C01_SolA	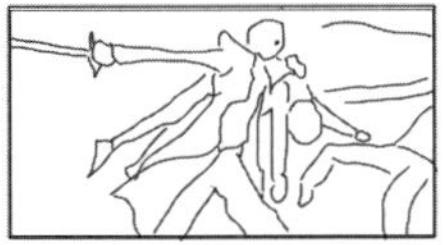	兵士A	剣	ActorC	
				S001_C01_SolB	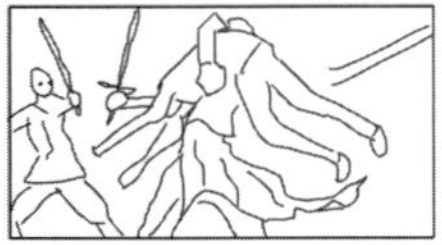	兵士B	剣	ActorD	
				S001_C01_SolC		兵士C	剣	ActorE	
001_02	A	002		S001_C02_GAI	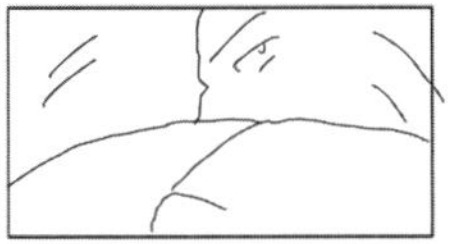	GAI	剣	ActorA	GAI 「##########」
001_03	A	003		S001_C02_HIR	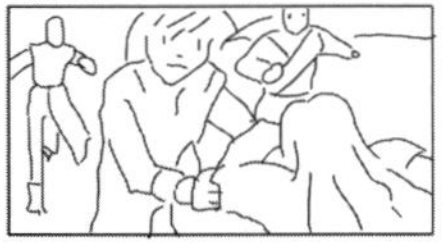	HIR		ActorB	託されたHIRを支えるJYU 走り寄るVALとSAO，視線はGAIのほうへ JYU 「###########」 GAI 「###################################」
				S001_C02_JYU		JYU		ActorC	
						VAL		ActorD	
						SAO		ActorE	

表 10.2 香盤表の例

2021.08.19 香盤表

9:30 プロジェクトスタッフスタジオ入り
10:00 アクターズスタジオ入り
マーカー付け，キャリブレーション
10:30 ブリーフィング，汎用 50 モーション

優先度	撮影番号	Take	納品ファイル名	演技内容	キャラ	プロップ	アクター	開始 / 終了ポーズ	備考
A	001		normal_stand	待機（素手）	汎用		鈴木	素手基本→素手基本	
A	002		sword_stand	待機（剣）	汎用	剣	田中	剣基本→剣基本	
A	003		axe_stand	待機（斧）	汎用	斧	鈴木	斧基本→斧基本	

13:00 昼休憩
14:00 再開 キャリブレーション
14:30 攻撃・やられ 20 モーション

優先度	撮影番号	Take	納品ファイル名	演技内容	キャラ	プロップ	アクター	開始 / 終了ポーズ	備考
B	011		sword01_attack	剣で切りつけ，ダウン	A	剣	田中	剣構え→剣構え	
B			sword01_down		B	斧	鈴木	斧構え→ダウン	
B	012		axe01_attack	斧で切りつけ，ダウン	B	斧	鈴木	斧構え→斧構え	
B			axe01_down		A	剣	田中	剣構え→ダウン	

15:20 休憩
15:30 アクションシーン 15 モーション

優先度	撮影番号	Take	納品ファイル名	演技内容	キャラ	プロップ	アクター	開始 / 終了ポーズ	備考
C	071a		aciton01a	剣をまっすぐ上げて呪文詠唱→ジャンプ→前回転→対空から切りつけた後，剣構え	A	剣	田中	剣構え→剣構え	呪文詠唱 ～ その場でジャンプまで
C	071b		action01b						トランポリンでジャンプ，切りつけまで
C	071c		action01c						床で剣構えまでのモーション

17:45 撮影終了予定

予定したカットをすべて撮り切ることが重要である。カットによっては何度も演技をチェック，リテイクすることもあるが，現在の撮影が予定より進んでいるのか，遅れているのかの判断に香盤表が役立つ。

10.6.4 レイアウトとアニメーション編集（ライティング，エフェクト）

絵コンテやコンテムービーを基に背景モデルにプロップとキャラクターと配置して，カメラワークと各種アニメーションを作成する。もし，モーションキャプチャを使用する場合は，あらかじめラフなレイアウトシーンを作成して，背景上でキャラクターが動く距離や範囲を測定して撮影エリアに印を付けて演技の参考にするとよい。

レイアウトとアニメーション編集の後に，アニメーションを含めたシーンデータはライティングやエフェクトの追加の工程に引き継がれる。そのため，アニメーション編集は，ラフレイアウト→ブロッキング→スプライン→ブラッシュアップの各段階でデータを引き継ぎ，後の工程が並行して進められるようにしなければならない。また，実機への組込みを各段階で行い，実装しなければわからない問題点を早期に明らかにして対応することも必要である。

10.6.5 フェイシャルアニメーション

カットシーンのすべてのカットでフェイシャルアニメーションが必要なわけではない。カットシーンで使用するRIGはフェイシャルあり，なしなどカットによって選択できるようにいくつかのバーションを用意する。また，急にフェイシャルなしだったカットがフェイシャルありのカットに変更したい，あるいはゲーム中で使用しているアニメーションをカットシーンに流用したいといった状況を想定して，フェイシャルあり，なし，ゲーム用の各RIGと互換性を持たせておくとよい。ゲーム中とカットシーンで同じキャラクターのモデルでスケルトンのプロポーションや各ボーンの命名規則が異なる場合は双方向にアニメーションをリターゲットする環境を整備しておく必要がある。

10.7 カットシーン制作での留意点

カット同士のつながりにさまざまな注意を払うことと同様に，カットシーンからゲームシーケンスあるいはゲームシーケンスからカットシーンへのつながりについても注意を払わなければならない。リアルタイム CG によるカットシーン表現では，映像同士をつなぎ合わせるカットつなぎに加えて以下の点に留意する必要がある。

10.7.1 データのローディング

データのローディングとは，ゲームプログラムが保存されているハードディスクや DVD などのメディアから PC やゲーム機のメモリに必要なデータやプログラムを読み込むことである。ゲームシーケンスからカットシーンへ移行する際にカットシーンに必要なモデルデータやアニメーションデータをメディアからメモリへローディングする必要がある。データが多いほどローディングには時間が掛かるため，その間，画面にはローディング中を示す画面が表示されて，映像のリズム感に大きく影響する。例えば，ボス戦でボスを倒した後にステージクリアを盛り上げるためにカットシーンを入れようとする場合，そのカットシーンのために長いローディング画面入るようでは，ボス戦クリア後の盛り上がりに水を差すことになる。どのタイミングでどのくらいのロード時間が発生するかはカットシーンの演出を設計する上で重要であり，担当プログラマーと協力してリズム感を極力損なわない方法を検討しなければならない。

10.7.2 ゲームシーケンスとのつながり

カットシーンのカットのつながりと同様にゲームシーケンスとカットシーンのつながりにおいても連続性に留意する必要がある。

例えば，プレイヤーが特定のエリアに入ることでカットシーンが開始する場合，カットシーンではあらかじめキャラクターがどの方向からエリアに入ってくるのか想定してシーンは作成されるが，エリアにあらゆる方向から入ることができるようなステージ設計やエリアの設定であると，ゲームシーンとカットシーンでキャラクターの配置関係がまったく異なる状態になってしまう可能性も考えられる。これは空間の連続性の欠如によりプレイヤーに混乱を招く原因になる。これを回避する工夫として，プレイヤーのアクションによってカットシーンに移行する場合は特徴のある建物や構造物，プロップ，NPC など何かしらの対象物に近づくことで開始するなどの対応案が検討できる。また，カットシーンの冒頭で画面外から入ってくる演出や対象物を見ているカットを入れることで，キャラクターの立ち位置の混乱を防ぐことができる。

カットシーンからゲームシーケンスへ移行する場合も同様で，再開するゲームでプレイヤーが向かうべき方向にカメラを向けるなど，カットシーン後のゲームの再開でプレイヤーが混乱しないような工夫が必要である。

10.7.3　シミュレーションの使用

シミュレーションを使用してエフェクトを表現している場合，その状態をカットシーンでも同じように再現することは難しい。煙や炎のような不定形でつねに動いているものであれば，同一性をあまり重視しなくても問題ないが，建物の破壊や瓦礫など特徴のわかりやすいものがカットシーンの画面に入る場合は注意が必要である。画面に入ることを避けられない場合は，ゲームからカットシーンに移る際に同一ポジションでつなげない，なるべく違いが目立たないようなレイアウトを工夫するなど対処を検討する。

キャラクターの揺れものを表現するために使用されているスプリングシミュレーションは，初期ポーズ（多くの場合は T ポーズ，あるいは A ポーズ）からキャラクターのアニメーションを開始しなければならない。初期ポーズはシミュレーションの挙動が安定するまで数フレーム取らせる必要がある。そのため，キャラクターに揺れものが設定されているカットへの切替えは事前に数フレームの猶予が設けられるように注意しなければならない。

第 11 章

エフェクト制作

本章はエフェクト制作について解説する。これまで解説してきたモデルやアニメーションの考え方を踏まえ，エフェクトを表現する上で求められる知識，考え方を紹介し，基本的なエフェクトの制作手法について解説する。実際のエフェクト制作では現象や表現によって，複数の手法を組み合わせて制作する場合が多い。また工程を積み上げながら完成に近づけていくほかの要素とは異なり，すべての要素がある程度揃ってから本格的な制作が始まる場合が多い。この特徴的な制作フローについても解説する。

11.1 エフェクトの役割

エフェクトにはゲームで発生する現象を演出する役割とゲーム画面の中で何が起こっているのか，わかりやすく可視化するという二つの役割を持っている。

前者は雨や雪，雷，水の流れやしぶき，炎などの現実の世界でも目にする現象を CG で再現するもので，映画やアニメーションの VFX と同様にカットシーンの雰囲気を演出するために作成される。近年ではハードの高性能化によってシミュレーションによる表現が多く取り入れられている。後者はゲーム上の状態や結果を表現したもので，格闘ゲームのヒットエフェクトや武器を振り下ろしたときに発生する軌跡，RPG の回復や覚醒といった表現がある。

3DCG ゲーム黎明期のゲームエフェクトは少量のパーティクルと板状のビルボードを組み合わせて，加算合成などの合成処理で表現する手法であった。レンダリング処理と合わせてプログラマーのみで実装されることも多かったが，ハードの高性能化で表現力が高くなり，カットシーンの雰囲気を演出するためのエフェクトが増えたことにより，**エフェクトアーティスト**という職種が生まれた。

11.2 エフェクト制作に求められること

背景やプロップ，キャラクター等の制作はポリゴンモデルで形状を作成し，ディティールをテクスチャで表現するが，エフェクトの多くはプロシージャルな手法やシミュレーションで逐次変化する現象を表現する。そのため，エフェクト制作ではほかのアセット制作とは異なる知識やスキルが求められる。

11.2.1 物理法則，物理現象の理解

アーティストがエフェクト制作で使用するツールでは，物理現象を発生させる各要素がパラメータ化され，シミュレーション上ではそれぞれのパラメータが相互に影響を与えることで現象がCGで再現される。イメージ通りにエフェクトをコントロールするためには，重力や風力，質量，抵抗といった物理法則の基礎や光の現象やレンズの仕組み，燃焼現象，空気の移動で発生する現象など，エフェクトに関連する現象とその仕組みを理解することが重要である。

11.2.2 CGのテクニカル知識

エフェクトで表現するものは制作するゲームによって異なり，多種多様な内容で制作方法が一貫していない。設定される制限や条件の中で表現しなければならないこともあり，ツールの機能だけでは実現が難しいことも多々発生する。

そのような場合は描画プログラマーと協力して仕組みから実装していくことになるため，エフェクトアーティストには**リアルタイムCG**の仕組みやシェーダーなどのテクニカルな知識が求められる。近年では例えば，Houdiniのようなノードベースのインタフェースで直感的にシェーダーや描画をコントロールできる環境が整えられつつあるが，そうしたツールを活用する上でもCGのテクニカルな知識は必要とされる。

11.2.3　観察と再構築

まず，エフェクトをツールですぐに作り始める前に現実の世界で表現しようとする現象を実際に見る，類似する実写の映像をなるべく多く見て十分に観察する必要がある。ありふれた現象であっても，観察してみると頭の中でイメージしていたものと実際には異なることもある。先入観を持たずに表現する現象をまずは観察，リサーチする姿勢が大切である。現象は複数の要素で成り立っている場合が多い。なるべく細かく要素を分解して，各要素をどのような手法で表現するか制作方針が決まったところでツールでの制作が開始できる。

11.2.4　見えないものをデザインする

エフェクトは現実にある現象を表現するだけではない。図 **11.1** のようなアクションゲームの斬撃エフェクトや RPG ゲームでの回復エフェクトといったものは現実の世界には存在しないが，ゲームではさまざまな状況をプレイヤーに正しく伝えるという重要な役割を持っている。こうしたエフェクトは色彩やデザイン，アニメーションなどの分野の理論を参考にして，プレイヤーに与える効果を踏まえて制作する必要がある。

図 11.1　現実の世界には存在しないエフェクトの例

11.2.5　物理現象としての正解とゲームエフェクトの役割としての正解

物理法則的に正しい，シミュレーション的に正しいことが必ずしもゲームエフェクトとしての正解ではない。

例えば，プレイヤーがダメージを負うエリアに配置する炎がゲームステージで見えにくい場合は，大きさや明るさを適切と思われる状態に調整する，破壊表現で飛び散る破片が演出的に少ないと感じられるのであれば，見た目で気づかない見せ方で破壊する破片を増やすなど，ゲームエフェクトとして果たすべき役割が機能するように調整すること必要である。

11.3　エフェクトの制作環境

エフェクト制作はゲームの描画システムと密接に関連しているため，制作ツールにはさまざまなタイプがある。11.4 節で解説するパーティクルやビルボードなどよく使用されるエフェクトの手法はゲームエンジンの標準機能としてサポートされている。破壊アニメーションや煙，炎などのレンダリング素材は Maya や Houdini などの総合型 3DCG ツールを使用して作成する場合が多い。

また, 2D 素材を作成するツールとしては Photoshop やモーショングラフィックス的な効果を作成することが得意な **After Effects** が使用される場合もある。エフェクト作成では一つのツールで完結することは少なく，複数のツールを組み合わせて使用する場合が多い。また，いくつもの複雑な工程を効率良く制作できるにように，エフェクト作成に必要な機能を一つにまとめた BISY-AMON や SPARK GEAR といったゲームエフェクト専用ツールもある。

11.4　エフェクトの制作手法

以下にエフェクトの制作手法を説明する。実際のエフェクトは一つの手法で表現できるものではなく，複数の制作手法によって作成されたものを組み合わせて表現する場合が多い。例えば，着弾による破壊表現は破壊される物体や飛び散る破片をリジットボディのアニメーション，着弾の発火をパーティクルとビルボード，煙をパーティクルとアニメーションさせたビルボードで表現する。

11.4.1　物理シミュレーション

物理シミュレーションは物理現象の計算によってアニメーションを表現する技術である。**キーフレーム**では難しい物理的現象のアニメーションを作成することができる。物理シミュレーションをリアルタイムで表現するには現状ではハードの条件などで難しい場合がある。そこで，総合型 3DCG ツールでシミュレーションした計算結果の**ジオメトリキャッシュ**（フレームごとのポリゴンデータ）を出力して，ゲーム上では逐次オブジェクトを差し替えて表示する方法が取られる場合がある。

この方法はフレーム分のジオメトリキャッシュを読み込むためのメモリが必要で，長い時間や大きな規模，大量に発生する表現には適していない。表現する内容によっては〔4〕で解説する **VAT** を検討する。

ゲームで使用されているおもな物理シミュレーションには以下のものがある。

〔1〕 パーティクル　**パーティクル**は多数の粒子にさまざまな属性を設定して，重力や風力等の外力を与えて粒子の動きをシミュレーションする手法である。粒子の表現以外に各粒子にモデルやテクスチャを割り当てることで，炎や煙，雪などさまざまな表現に使用することができる。標準機能として実装されているゲームエンジンも多い。

また，図 **11.2** のように専用プラグインをゲームエンジンに導入することで，総合型 3DCG ツールで作成したパーティクルをゲームエンジン上で再現することも可能である。

〔2〕 リジッドボディ　**リジッドボディ**は剛体オブジェクトの衝突や外力の影響などの物理現象をシミュレーションするものである。キャラクターと配置されたプロップとの衝突や図 **11.3** のような破壊表現に使用することが多い。衝突処理や剛体同士の関節計算など一部の処理はゲームエンジンに実装されている場合がある。

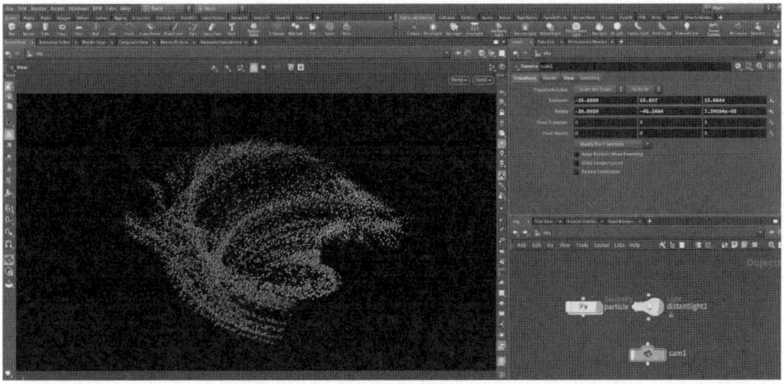

(a) Houdini でのパーティクルの例

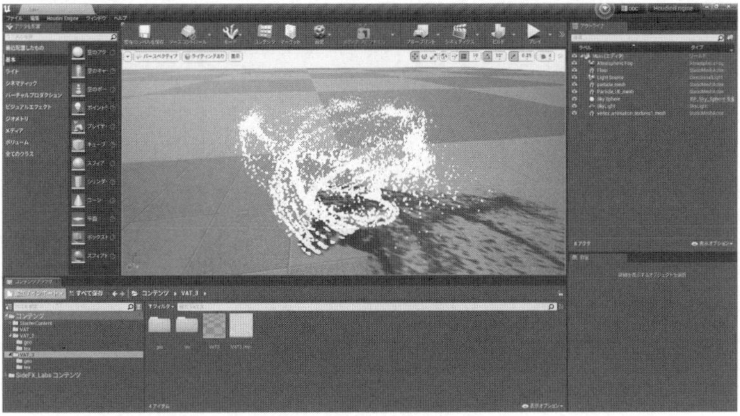

(b) Unreal Engine で再現した例

図 11.2 パーティクルの例〔提供：株式会社インディゾーン〕

〔3〕 ソフトボディ　　**ソフトボディ**は自身の動きや外力によってオブジェクトが変形する現象をシミュレーションするものである。ゴムなど弾力を持ったものの表現に使用する。**図 11.4** のような，布などボリュームを持たない形状に限定して布特有のパラメータでコントロールするものを**クロスシミュレーション**という。

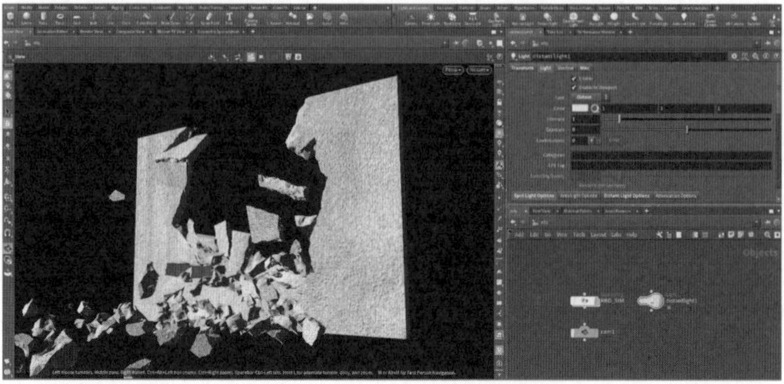

図 11.3　リジッドボディの例〔提供：株式会社インディゾーン〕

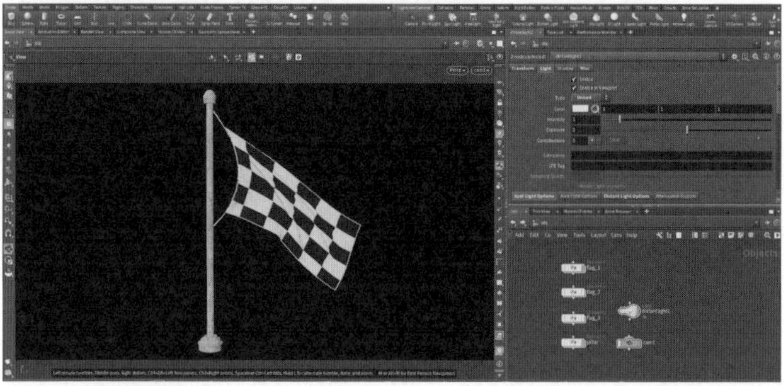

図 11.4　ソフトボディの例〔提供：株式会社インディゾーン〕

〔**4**〕 **フルイド（流体）**　　ミルククラウンや粘性のある液体，水飛沫のような一定の形を持たない液体を表現するシミュレーションを**フルイドシミュレーション**という。現状ではリアルタイムで処理するには計算処理が重いため，総合型 3DCG ツールで計算した結果をデータ出力して，**VAT**（vertex animation texture）で表現する場合が多い。

VAT はまず，総合型 3DCG ツールでシミュレーション計算したオブジェクトの各頂点の情報をテクスチャデータとして出力する。ゲーム上では GPU を使用して出力したテクスチャを基に高速にオブジェクトの頂点処理を行うというものである。これは GPU の性能向上によって，従来の GPU の使い方以外にも応用できるようになったことで実現した手法である。

なお，VAT のデータは総合型 3DCG ツールの出力機能やプラグイン等で出力する。ゲームエンジン側にプラグインが必要な場合もある。図 **11.5** は Houdini とプラグインの Houdini Engine によるフルイドシミュレーションの例である。

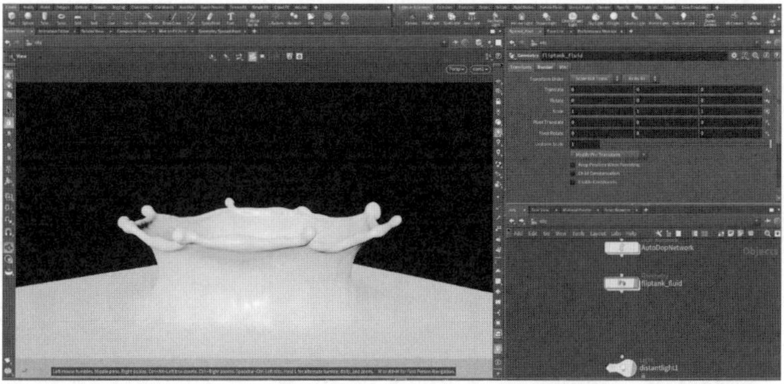

（a）　Houdini でのフルイドシミュレーションの例

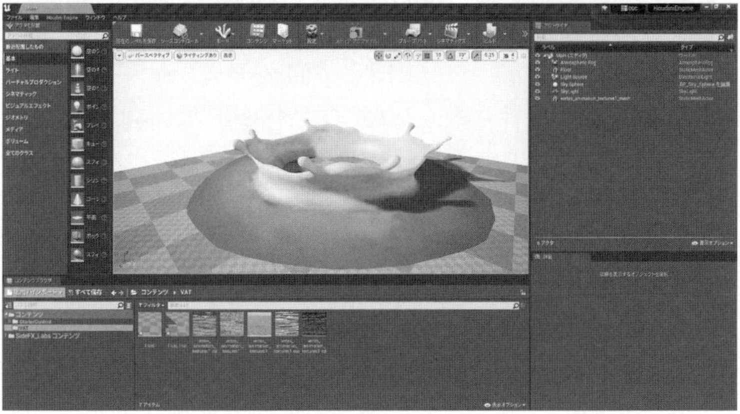

（b）　Houdini Engine による Unreal Engine での再現例

図 11.5　Houdini のフルイドシミュレーションをプラグインを使用して Unreal Engine で再現した例
〔提供：株式会社インディゾーン〕

11.4.2　ビ ル ボ ー ド

爆発や炎が燃えている表現は図 **11.6** のように板状のポリゴンにレンダリングした連番のテクスチャ素材をマッピングしてテクスチャアニメーションで表現する。川の流れやオーロラ，ゴッドレイなどの表現はUV スクロールで表現する場合が多い。表現するエフェクトによっては円盤型や筒状，球体等の立体形状を使用する場合もある。近年では Normal Map が使用することで立体感のある飛沫や液体が滴り落ちるなど表現の幅が広くなっている。

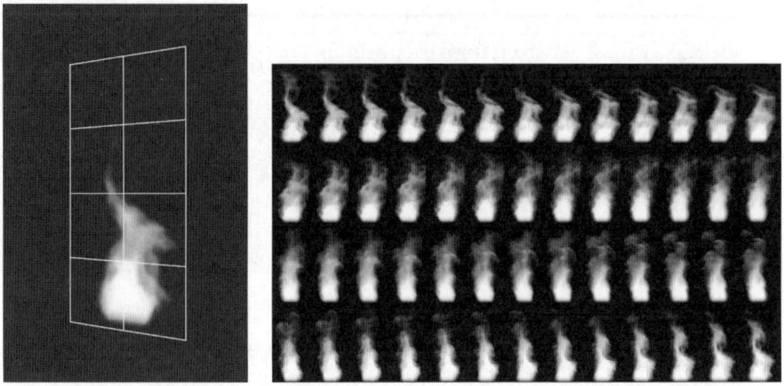

(a)　ビルボードの結果　　　　(b)　テクスチャデータ

図 11.6　ビルボードとテクスチャアニメーションによる炎の例

ビルボードのエフェクトは，エフェクトがどのようなテクスチャデータでどのように描画するかによって，見え方は大きく変わるので注意が必要である。エフェクトの描画設定は使用するゲームエンジンやミドルウェア，ツールによって呼称は異なるが，描画モード，合成モード，ブレンドモードといったパラメータで定義する。原理としてはエフェクト以外の背景，キャラクター，プロップなどをレンダリングしたイメージの上にエフェクトのイメージを合成する際にピクセルごとに色の値を演算処理して色の値を定義するというものである。

例えば，よく使用する演算処理として各ピクセルの値を合計する加算合成がある。これはピクセルの値が元のイメージより明るくなるため，発光しているような結果を得ることができるが，**図 11.7**(a) の例のように背景の明暗によって見え方が異なる場合がある。また，図(b) のようにエフェクトが暗い場合は通常のマスク合成では暗部が明るくなることで元のイメージより平坦な見え方になってしまうが，乗算合成を使用することで元のイメージに近い状態にできる場合がある。ビルボードのエフェクトは背景とエフェクトの明るさの関係とどのように見せるかによって描画設定を状況によって選ばなければならない。

(a)　描画設定と素材，背景による違い

(b)　通常合成と乗算合成の違い

図 11.7　合成モードと背景の関係（口絵 26）

11.4.3　ポストエフェクト

レンダリングが完了したイメージに対してイメージ処理を行うことを**ポストエフェクト**という。特定の雰囲気を出すほかに，全体的なイメージの色調をコントロールためにも使用する。**図 11.8** のような光がシーンにあふれているような**ブルーム表現**，被写体が動くことによって発生するぶれを表現する**モー**

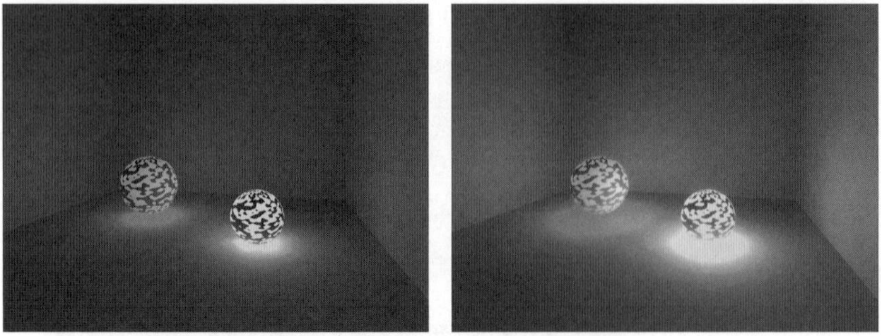

(a) ブルームなし　　　(b) ブルームあり

図 11.8　ポストエフェクトによるブルーム表現（口絵 27）

ションブラー，レンズの歪みを強調，表現する**レンズディストーション**などさまざまなエフェクトがある。ゲームエンジンに標準機能として備えているほかに，エフェクト専用のミドルウェアもある。また，エフェクト処理のプログラムを作成してオリジナルのポストエフェクトをゲームに実装する場合もある。一般的にポストエフェクトはすべてのフレームに対してイメージ全体を処理するために処理負荷が重いエフェクトであるため使用する場合は負荷に注意しなければならない。

11.5　エフェクト制作のフロー

エフェクトは背景物やアニメーションが出来上がらなければ，着手できない表現が多い。そのため，開発の前半では全体でどのようなエフェクトがどのくらい必要なのか，ゲーム内，カットシーン内ともにリストを作成し，新しいエフェクト表現の検証や汎用的に使用されることが見込まれる**汎用エフェクト**の制作を行う。背景やアニメーション，カットシーンのレイアウトなどが揃う開発の後半では，それぞれのシーンやアニメーションに合わせたエフェクトの作成，ゲームエンジン上での調整を行う。以下に説明する各工程は適宜並行して行うことになる。

11.5.1 エフェクトリストの作成

エフェクト担当者はゲーム中やカットシーンでどのくらいの数と種類のエフェクトが必要になるか，アニメーションリストや背景のデザイン案，絵コンテ，仕様書などの資料を基にエフェクトリストを作成する。リストアップしたエフェクトを汎用化できるもの，一部汎用と個別対応のエフェクトを組み合わせるもの，個別に作り起こすものに分類して，制作に掛かる期間を算出する。その期間から逆算して，各エフェクトのスケジュールを割り出して，背景制作，アニメーション，カットシーンの各担当者とデータの引き継ぎスケジュールを調整する。前述の通りエフェクト制作は背景やアニメーションに合わせて制作する場合が多いため，全工程の遅れがそのままエフェクト制作の遅れに影響するので，制作中もすべての工程の進捗状況を把握して，制作を進められるものから着手するように柔軟に対応することが求められる。

11.5.2 プロトタイピング，汎用エフェクトの作成

エフェクト制作はゲーム開発全体の後半に集中する傾向があるので，新しいエフェクト表現を試みる場合は，開発の前半で想定する手法でエフェクト表現が可能かどうか，描画負荷などを検証する。表現を採用する場合は，表現手法を決めておくと同時に処理が重い場合の代替案を準備しておくとよい。検証時には処理負荷は問題ないと判断されていたとしても，最終的に全体的な処理負荷が想定上になった場合，処理負荷を軽減する調整，変更を求められる場合も考えられる。

ヒット表現や煙，炎などある程度イメージがわかりやすいものに関しては，汎用エフェクトとして，色やタイミング等を柔軟に調整できるような形で先行して制作しておく。汎用エフェクトは最終的に個別対応で制作する前の仮のエフェクトとしても利用することもできる。

11.5.3 背景データ，アニメーションデータの引継ぎとエフェクト作成

エフェクトの多くはアニメーションのタイミングに合わせて発生する場合や

背景の具体的な発生位置を設定する場合が多いため，アニメーションや背景がある程度制作が進んだ段階でモデルやアニメーションを仮データとして引き継いで，エフェクトの制作を並行して進める。背景の一部がアニメーションしている場合は，そのアニメーションも引き継いでエフェクトの発生タイミングの参考に使用する。

ある程度は仮データを使用して制作を進めることは可能であるが，最終的にはゲームシステムに実装して，実際のプレイ状況やカットシーンを再生する状況で確認する。細かな調整はゲームエンジンで行う。

11.5.4　ポストエフェクトの処理負荷検証

ポストエフェクトはレンダリングされたイメージに対して処理を行うもので，ゲーム全般を通しての画面の色彩補正を行う**カラーグレーディング**，明るい箇所の境界分部に光のフリンジを生成して光があふれているような表現を加える**ブルーム**，奥まった領域や隙間，入り組んだ部分に対して影を落とす効果を加える**アンビエントオクルージョン**等がある。これらの処理はリアルタイムCGを施された画面に対して処理を行うために内容によっては処理負荷が大きい場合が考えられる。最終的にどの程度の処理負荷になるかはすべての要素が揃わない限り明確にはならないが，基準となるようなシーン（例えば，平均的な総オブジェクト数，総ポリゴン数，キャラクター数であるシーン）でどの程度の処理負荷になるか検証を行い，ポストエフェクトが必要となるステージやカットで使用できるかどうか判断の基準とすることができる。事前に基準を明確にすることで，基準以上の状態になるステージやカットでは，モデリングのポリゴン数を調整することやテクスチャ数や画面に入るキャラクター数等で調整することも可能になる。

参　考　文　献

●アニメーション制作

1）～3）はアニメーションの基礎から応用までを網羅した手描きアニメーションの技術書である。ゲームアニメーションであっても，アニメーションという表現の根幹部分として参考になる要素が多く掲載されている。

4）は前述の3冊を踏まえて，ゲームでのアニメーションならではの留意すべき点や手法を解説したものである。モーションキャプチャの撮影手順についても取り上げられている。

5），6）はMayaでのRIG構築の技術書であるが，RIG構築の考え方の基礎を手法別に取り上げており，ほかのツールを使用する場合でも参考になる。

1）　リチャード・ウィリアムズ：増補アニメーターズサバイバルキット，グラフィック社（2011）

2）　フランク・トーマス，オーリー・ジョンストン：Disney Animation　生命を吹き込む魔法　The Illusion of Life，徳間書店（2002）

3）　アニメ6人の会（編著）：アニメーションの本―動く絵を描く基礎知識と作画の実際―（改訂新版），合同出版（2010）

4）　ジョナサン・クーパー：GAME ANIM―ゲーム開発に必要なアニメーションの知識―，ボーンデジタル（2021）

5）　ティナ・オヘイリー：Mayaリギング―正しいキャラクターリグの作り方―（改訂版），ボーンデジタル（2019）

6）　シェリル・ブリッグス：Mayaキャラクターリギング―二足歩行・四足歩行・フェイシャルアニメーション―，ボーンデジタル（2022）

●背景，ステージ制作

1）はデザインの考え方から，実践的な制作技法まで取り上げた背景制作に特化した解説書である。また，背景制作は2），3）で解説されているゲームデザイン，レベルデザインの視点から背景をデザインすることも重要である。

1）　榊原寛，横井祐子，横井亮太，橋本竜，齋藤彰，岸本ひろゆき，もんしょ：背景アーティスト導きの書，ボーンデジタル（2023）

2）　クリストファー・トッテン：ゲームデザイナーのための空間設計—歴史的建造物から学ぶレベルデザイン—，ボーンデジタル（2015）

3）　大野功二：3D ゲームをおもしろくする技術—実例から解き明かすゲームメカニクス・レベルデザイン・カメラのノウハウ—，SB クリエイティブ（2014）

●キャラクター制作関連

キャラクターをデザイン，モデル制作するにあたって美術解剖学の知識は重要である。造形だけでなくキャラクターをポージングさせたときにも関係する。たとえ，架空の生物や姿を持ったキャラクターであっても，魅力と説得力を持ったデザインにするためには，現実の生物や動く仕組みをうまく取り入れることが求められる。

1）　アルディス・ザリンス，サンディス・コンドラッツ：スカルプターのための美術解剖学，ボーンデジタル（2016）

2）　アルディス・ザリンス：スカルプターのための美術解剖学 2 表情編，ボーンデジタル（2017）

3）　アルディス・ザリンス：スカルプターのための美術解剖学 3 頭頸部編，ボーンデジタル（2023）

4）　ヴィルヘルム・エレンベルガー：エレンベルガーの動物解剖学，ボーンデジタル（2020）

5）　スティーヴン・シルヴァー：The Silver Way—魅力と多様性でストーリーを動かすキャラクターデザインの発想と実践—，ボーンデジタル（2021）

6）　墨佳遼：獣人・擬人化 人外デザインのコツ，玄光社（2021）

7）　3dtotal Publishing（編）：コツをつかめ！ クリーチャーデザイン　教本—基礎から学ぶ発想とスキル—，グラフィック社（2021）

●プロップ，衣装デザイン

剣や銃器，乗り物など架空のプロップデザインでも実在感を持たせるためには既存の対象物がどのような構造や造形になっているか，観察力が必要である。また，長い間培われてきた架空世界のジャンルの文脈を踏まえることを留意する必要もある。衣装においても既存のデザインを参考にする場合は見た目の造形だけでなく，参考にするデザインの文化的な背景もリサーチすることもデザインに説得力を持たせるために必要である。

1）　サンディ・アップルオフ・ライアンズ：ゲームの衣装デザイン—歴史・文化から物語をつくる—，ボーンデジタル（2022）

2）　氷守緋羽：ファンタジーアイテムの創り方，ボーンデジタル（2023）

3）スコット・ロバートソン，トマス・バートリン：スコット・ロバートソンのHow to Draw—オブジェクトに構造を与え，実現可能なモデルとして描く方法—，ボーンデジタル（2014）

●カットシーン制作

カットシーン制作では映像表現を構成する要素であるライティングやカメラワーク，レンズの知識，カットワーク等の知識や理論を理解する必要がある。実写の制作手法や理論を踏まえつつ，CGのライティングやカメラワークの特性への理解を深めるために以下の書籍が参考となる。

1）リチャード・ヨット：画づくりのための光の授業—CG，アニメ，映像，イラスト創作に欠かせない，光の仕組みと使い方—，ビー・エヌ・エヌ（2019）
2）リー・ラニアー：CGライティングの最強の教科書，ボーンデジタル（2020）
3）ジョセフ・アルバース：配色の設計，ビー・エヌ・エヌ（2016）
4）3dtotal.com：デジタルアーティストが知っておくべきアートの原則—色，光，構図，解剖学，遠近法，奥行き—（改訂版），ボーンデジタル（2021）
5）3dtotal.com：続 デジタルアーティストが知っておくべきアートの原則—感情，ムード，ストーリーテリング—，ボーンデジタル（2017）
6）グスタボ・メルカード：filmmaker's eye：レンズの言語—映画のシーンに学ぶ画作りとストーリーの語り方—，ボーンデジタル（2020）
7）スティーヴン・D. キャッツ：SHOT BY SHOT—ストーリーを観客に届けるために知っておきたい映像・映画監督術—，ボーンデジタル（2022）

●エフェクト制作

エフェクト時間経過とともに変化する形状や現象のアニメーションによって表現される。実世界の現象を観察するために映像を参考にすることができるが，実在しない現象をエフェクトとして表現する際には，手描きアニメーションのエフェクト表現の手法や理論を参考にすることができる。

1）ジョセフ・ギランド：特殊効果アニメーションの世界—エレメンタルマジック—（第2版），ボーンデジタル（2018）
2）小澤和則：アニメーションのエフェクト作画テクニック，玄光社（2019）
3）松岡伸治：エフェクトグラフィックス—動き・流れ・質感の表現カタログ—，エムディエヌコーポレーション（2020）

● **CG コンテンツ制作全般**

1) 三上浩司，渡辺大地：CG とゲームの技術，コロナ社（2016）

2) 三上浩司，戀津魁，近藤邦雄，茂木龍太，兼松祥央：コンテンツクリエーション（改訂版），コロナ社（2023）

3) 佐々木和郎，羽田久一，森川美幸：クリエイターのための映像表現技法，コロナ社（2021）

4) 画像情報教育振興協会：ディジタル映像表現―CG によるアニメーション制作―（改訂新版），画像情報教育振興協会（2016）

索　　　引

——著 者 略 歴——

東京工芸大学芸術学部ゲーム学科教授
1991 年株式会社ナムコ（現，株式会社バンダイナムコエンターテインメント）入社。
CG 映像制作にアーティストとして携わり，3DCG ゲーム開発が主流になるのを機会に，ビデオゲーム開発でアニメーション関連に携わる。
2006 年よりアニメーション制作の開発支援，MOCAP スタジオ運営に携わり，鉄拳シリーズ，アイドルマスターシリーズなど自社タイトルに留まらず，他社ゲームタイトル開発やアニメ制作，ライブでのキャラクターのリアルタイム・パフォーマンスや VTuber 配信に MOPCAP クルーとして参加。

ゲームグラフィックス表現技法

Creative Techniques for Game Graphics

2024 年 2 月 22 日　初版第 1 刷発行

検印省略

著　者　金《かな》久《く》保《ぼ》　哲《てつ》　也《や》
発 行 者　株式会社　コロナ社
代表者　牛来真也
印 刷 所　壮光舎印刷株式会社
製 本 所　株式会社　グリーン

112-0011　東京都文京区千石 4-46-10
発 行 所　株式会社　**コ ロ ナ 社**
CORONA PUBLISHING CO., LTD.
Tokyo Japan
振替00140-8-14844・電話(03)3941-3131(代)
ホームページ　https://www.coronasha.co.jp

ISBN 978-4-339-01374-0　C3355　Printed in Japan　（松岡）